茶典

《四庫全書》茶書八種

商務印書館

上頁圖

品茶圖（局部）

明陳洪綬畫，立軸，設色絹本，縱 76 厘米，橫 53 厘米。

陳洪綬（一五九八—一六五二），明代書畫家。字章侯，號老蓮。天資聰穎，博學好飲，豪邁不羈。能詩，工書法，尤善繪畫，擅長人物、山水、花鳥，創造了一種『高古奇駭』的畫風，人物畫享譽很高，與崔子忠並稱『南陳北崔』。

明代文人追求茶的文化氛圍和歸隱性質，怪石、芭蕉、荷花、爐火，琴歇茶熟，聞香品啜，主客把盞言談，《品茶圖》正是一方自然幽雅茶境的描繪。

前言

龔鵬程

茶典前言

清修四庫全書譜錄飲饌之屬於茶僅收陸羽茶經張又新煎茶水記蔡襄茶錄黃儒品茶要錄熊蕃北苑貢茶錄宋子安東溪試茶錄趙汝礪北苑別錄陸廷燦續茶經八種夫茶飲始於神農其後風行九州歷代茶譜茶箋凡百數十種而甄錄於四庫者不過爾爾何其寡也然一代鴻編但擷英華斯所謂經斯所謂典何以陳、相因細大不捐哉茶書雖多即此已足觀瀾索源揣本探末茶藝大要具於是矣

一

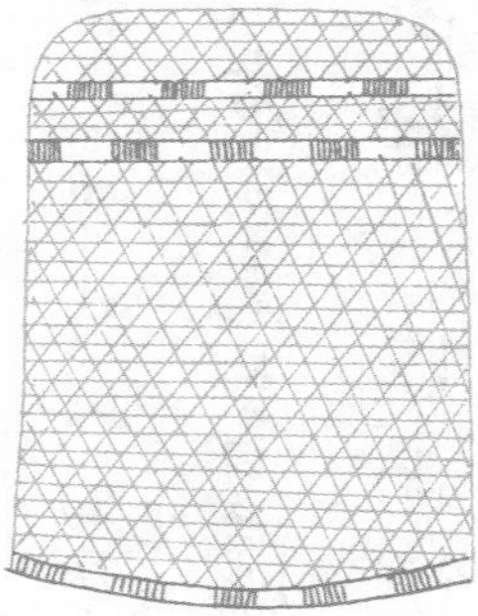

考茶出於國而飲非南人所獨水厄酪奴之
對一時口談而已其實爾雅早經著錄晏
嬰或云飲之則春秋戰國當已通行巴蜀
荊揚吳越間尤盛耳厥後南風北漸入唐
而茶席茶寮遍地矣封演聞見記云自
鄒齊滄棣漸到京邑城市多開店鋪煎茶賣之不問
遠近投錢取飲唐史則載常魯使西蕃烹茶帳中蕃
人問何為者魯曰滌煩療渴所謂茶也蕃人曰我此亦有
命取以出指曰此壽州者此顧渚者此蘄門者可見蕃漢
同風已久嗣後茶馬互市貿易愈廣西極流沙南渡

二

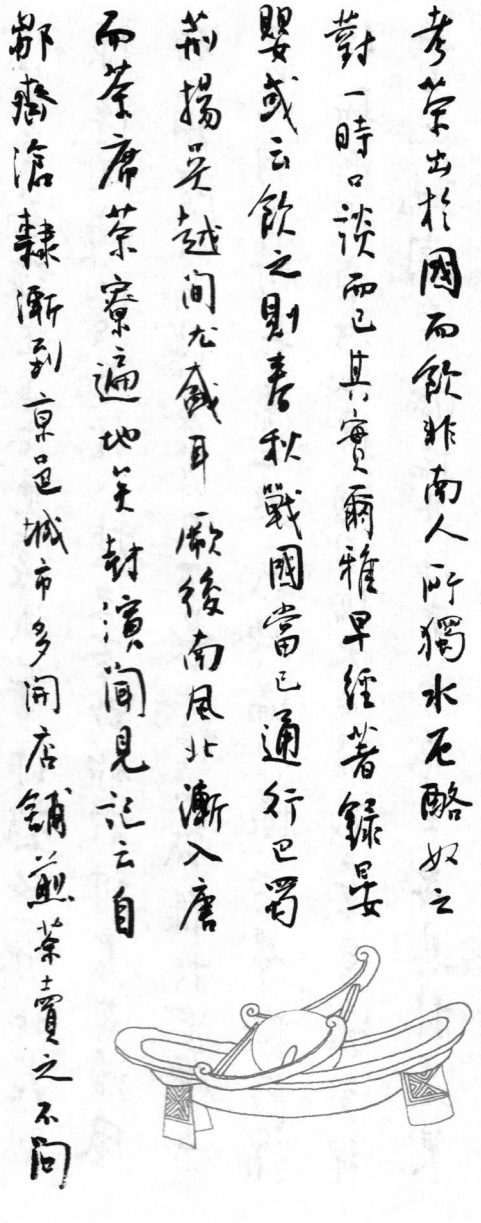

重洋為世界第一飲品矣傳播既
廣飲法自異各因風土人情故陸羽
茶經已云飲有觕茶散茶末茶餅
茶者乃煮乃熬乃煬乃舂特予瓶缶
之中以湯沃焉謂之痷茶或用葱薑棗
橘皮茱萸薄荷之等煮之百沸或揚令滑或煮去沫種
種不同今之言茶者或以觕茶散茶末茶餅茶煮茶熬茶
舂茶泡茶有隸不同時代以說流變誤地理為時序或拈
沽一味風雅自鳴不知滋味本於土宜甘鹹調諸時尚茶葉
蹁躚周濟膺吻初無定格也况夫石花散芽紫筍神

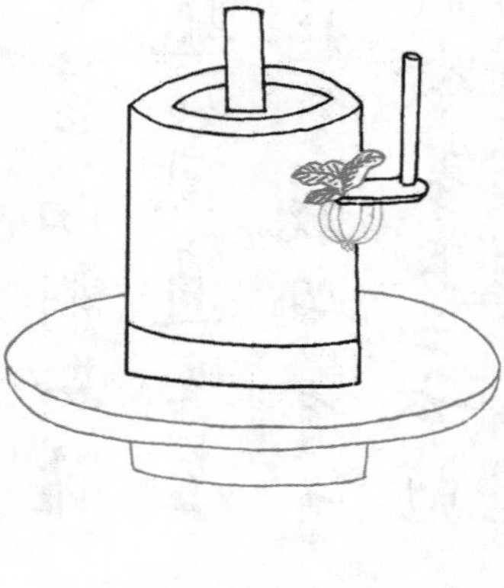

二

泉物性或殊水理非同製茶供飲豈可一律語稱異量之美人貴博通之趣飲茶之道可以崇德君子屬之可入道矣且未神農以來飲以茶為藥謂其消滯釋壅調神和內外眠弗懈利水通津故儒家以之煉養佛氏以之祛魔漱芳味清用資精進而常民亦藉以代益湯劑斯雖与文人高士徒矜清韻者異致然禪趣仙風適是翼扶文氣翊贊詩畫焉可以小覷哉至於茶稅茶貢乃涉國政唐德宗時始徵茶稅以迄於今茶馬之市則

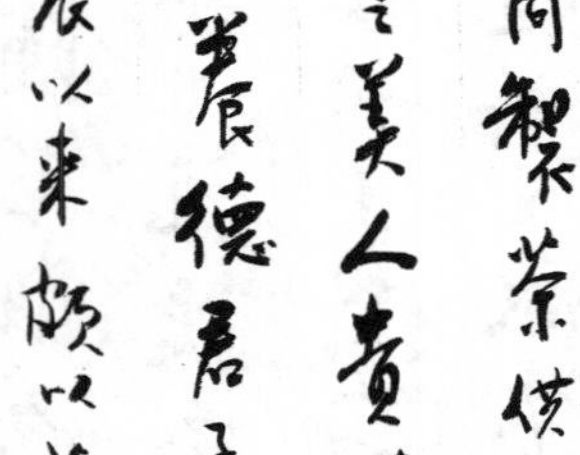

四

回紇常驅名馬市茶而歸後亦相沿成俗以應吐蕃契丹蒙古各屬之需甚且海舶通市於波斯天竺歐羅巴故茶者内爲國庫所關外爲安危所繫貢茶自周已有華陽國志稱武王伐紂蜀中納茶爲貢者是也後亦因之至唐乃成定制我於茶區定額納貢或設貢茶院專事造作宋宣和北苑貢茶錄北苑別錄清陸廷燦續茶經附茶法篇等所記即其裔數也關係非細品茗者寧勿忽諸夫茶葉物類之微小者焉然其道藝理法在在可觀於茲所述但舉其要聊爲喤引而

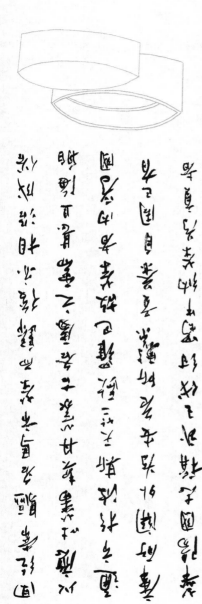

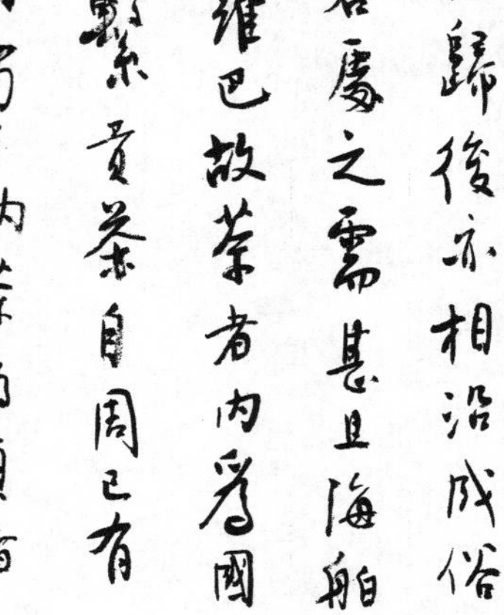

五

已古人論之審矣觀此茶典可盡得之
故不贅陳云丁酉夏日龔鵬程寫於
燕京翠湖別墅

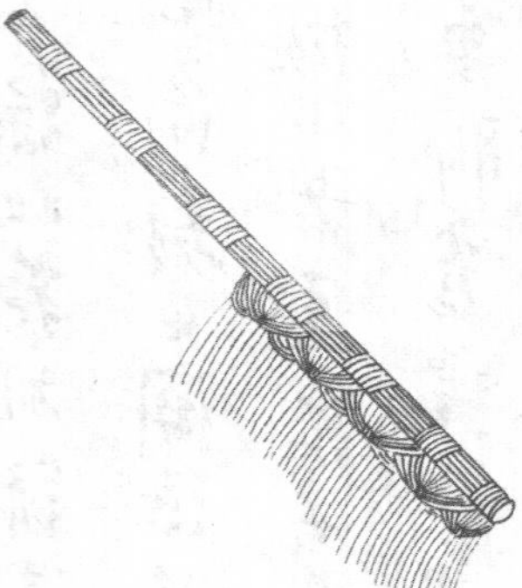

六

清修《四庫全書》譜錄飲饌之屬，於茶僅收陸羽《茶經》、張又新《煎茶水記》、蔡襄《茶錄》、黃儒《品茶要錄》、熊蕃《北苑貢茶錄》、宋子安《東溪試茶錄》、趙汝礪《北苑別錄》、陸廷燦《續茶經》八種。

夫茶飲始於神農，其後風行九州，歷代茶譜茶笈凡百數十種，而甄錄於四庫者，不過爾爾，何其廉也！然一代鴻编，但撮英華，斯所謂经，斯所謂典，何必陳陳相因、細大不捐哉？茶書雖多，即此已足。觀瀾索源，揣本探末，茶藝大要，具於是矣。

考茶出於國，而飲非南人所獨，水厄酪奴之對，一時口談而已。其實《爾雅》早經著錄，晏嬰或云飲之，則春秋戰國當已通行，巴蜀荊揚吳越間尤盛耳。厥後南風北漸，入唐而茶席茶寮遍地矣。封演《聞見記》云，自鄒齊滄棣漸到京邑，城市多開店鋪，煎茶賣之，不問遠近，投錢取飲。唐史則載，常魯使西蕃，烹茶帳中，蕃人問：何為者？魯曰：滌煩疗濁，所謂茶也。蕃人曰：我此亦有。命取以出，指曰：此壽州者，此顧渚者，此蘄門者。可見蕃漢同風已久。

嗣後茶馬互市，貿易愈廣，西極流沙，南渡重洋，為世界第一飲品矣。傳播既廣，飲法自異，各因風土人情。故陸羽《茶經》已云，飲分觕茶散茶末茶餅茶者，乃煮乃熬乃煬乃舂，特予瓶釜之中，以湯沃焉，謂之痷茶，或用蔥薑棗橘皮茱萸薄荷之等，煮之百沸，或揚令滑，或煮去沫，種種不同。

今之言茶者，或以觕茶散茶末茶餅茶，煑茶熬茶舂茶泡茶，分隸不同時代，以說流變，誤地理為時序。或獨沽一味，風雅自鳴，不知滋味本於土宜，甘鹹調諸時尚，茶葉蹁躚，周濟脣吻，初無定格也。況夫石花散芽，紫笋神泉，物性或殊，水理非同，製茶供飲，豈可一律？語稱異量之美，人貴博通之趣，飲茶之道，可以養德，君子處之可入道矣。

且夫神農以來，頗以茶為藥，謂其消滯釋壅，調神和內，少眠弗懈，利水通津，故仙家以之煉養，佛氏以之祛魔，漱芳味清，用資精進，而常民亦輒以代益湯劑。斯雖與文人高士徒矜清韻者異致，然禪趣仙風，適足翼扶文氣，翊赞詩畫，烏可以小覷哉！

至於茶稅茶貢，事涉國政。唐德宗時始徵茶稅，以迄於今。茶馬之市，則回纥常驅名馬市茶而歸，後亦相沿成俗，以應吐蕃契丹蒙古各處之需，甚且海舶通市於波斯天竺歐羅巴。故茶者，内為国庫所關，外為安危所繫。貢茶自周已有，《華陽國志》稱『武王伐紂，蜀中納茶為貢者』是也。後亦因之，至唐乃成定制，或於茶區定額納貢，或設貢茶院專事造作。宋《宣和北苑貢茶錄》、《北苑別錄》，清陸廷燦《續茶經》附『茶法』篇等，所記即其裔类也。關係非細。品茗者，幸勿忽諸。

夫茶葉，物類之微小者焉。然其道藝理法，在在可觀。於兹所述，但舉其要，聊為喤引而已。古人論之審矣，觀此《茶典》可盡得之，故不贅陳云。

丁酉夏日龔鵬程寫於燕京翠湖別墅

提要

《茶經》三卷，唐陸羽撰。《唐書》羽本傳稱羽著《茶經》三篇，不言卷數。《藝文志》載之小說家，作三卷，與今本同。傳蓋以一卷為一篇也。陳師道《後山集》有《茶經序》曰：『陸羽《茶經》，家傳一卷，畢氏、王氏書三卷，張氏書四卷，內外書十有一卷，其文繁簡不同。王、畢氏書繁雜，意其舊本。張氏書簡明，與家書合，而多脫誤。家書近古，可考正。曰七之事以下，其文乃合三書以成之，錄為二篇，藏於家。』此本三卷，其王氏、畢氏之書歟？抑《後山集》傳寫多譌，誤三篇為二篇也？其書分十類，曰一之源，二之具，三之造，四之器，五之煑，六之飲，七之事，八之出，九之略，十之圖。其曰具者，皆採製之用。其曰器者，皆煎飲之用。故二者異部。其曰圖者，乃謂統上九類，寫以絹素張之，非別有圖。其類十，其文實九也。言茶者莫精於羽，其文亦朴雅有古意。七之事所引多古書，如司馬相如《凡將篇》一條三十八字，為他書所無，亦旁資考辨之一端矣。

《茶錄》一卷，宋蔡襄撰。襄，莆田人。仁宗賜字曰君謨（見集中謝御筆賜字詩序）。仕至端明殿學士。謚忠惠。事迹具《宋史》本傳。是書乃其皇祐中為右正言修起居注時所進。《通考》載之，作《試茶錄》。然考石本亦作《茶錄》，則試字為誤增明矣。費衮《梁溪漫志》載有陳東此書跋，曰『余聞之先生長者，君謨為閩漕，出意造密雲小團為貢物。富鄭公聞之，嘆曰，此僕妾愛其主之事耳，不意君謨亦復為此！余時為兒，聞此語亦知感慕。及見《茶錄》石本，惜君謨不移此筆書《旅獒》一篇以進』云云。案《北苑貢茶錄》稱，太平興國中，特置龍鳳模，造團茶，是茶乃閩之土貢。《苕溪漁隱叢話》稱，北苑官焙，漕司歲貢為上，則造茶乃轉運使之職掌。襄特精其製，是亦修舉官政之一端。東所述富弼之言，未免操之已蹙。《群芳譜》亦載是語，而以為出歐陽修。觀修所作《龍茶錄後序》，即述襄造小團茶事，無一貶詞，知其語出於依託。安知富弼之言不出依託耶？此殆皆因蘇軾詩中有『前丁後蔡』

『致養口體』之語，而附會其説，非事實也。况造茶自慶曆中事，進《録》自皇祐中事，襄本閩人，不過文人好事，夸飾土産之結習，必欲加以深文，則錢惟演之貢姚黄花亦為軾詩所譏，歐陽修作《牡丹譜》，將并責以『惜不移此筆注《大學》《中庸》』乎？東所云云，所謂言之有故，執之成理，而實非通方之論者也。

《品茶要録》一卷，宋黄儒撰。儒字道輔，陳振孫《書録解題》作道父者，誤也。建安人。熙寧六年進士。此書不載於《宋史·藝文志》，明新安程百二始刊行之。有蘇軾書後一篇，稱儒『博學能文，不幸早亡』云云，其文見於閣本《東坡外集》。然《東坡外集》實偽本（説詳集部本條下），則此文亦在疑信間也。書中皆論建茶，分為十篇：一采造過時，二白合盜葉，三入雜，四蒸不熟，五過熟，六焦釜，七壓葉，八清膏，九傷焙，十辨壑源沙溪。前後各為總論一篇。大旨以茶之採製烹試，各有其法，低昂得失，所辨甚微，園民射利售欺，易以淆混，故特詳著其病以示人，與他家《茶録》惟論地産、品目及烹試器具者，用意稍別。惟《東溪試茶録》内有『茶病』一條，所稱『烏帶』『白合』『蒸芽必熟』諸語，亦僅略陳端緒，不及此書之詳明。録存其説，可以互資考證也。

《宣和北苑貢茶録》一卷，附《北苑別録》一卷，宋熊蕃撰。所述皆建安茶園采焙入貢法式。淳熙中，其子校書郎克始鋟諸木。凡為圖三十有八，附以採茶詩十章。陳振孫《書録解題》謂蕃子克『益寫其形製而傳之』，則圖蓋克所增入也。時福建轉運使主管帳司趙汝礪復作《別録》一卷，以補其未備。所言水數贏縮、火候淹亟、綱次先後、品味多寡，尤極該晰。考茗飲盛於唐，至南唐始立茶官，北苑所由名也，至宋而建茶遂名天下。壑源、沙溪以外，北苑獨稱官焙，為漕司歲貢所自出。文士每紀述其事，然書不盡傳，傳者亦多疏略。惟此二書，於當時任土作貢之制，言之最詳。所載模製器具，頗多新意，亦有可以資故實而供詞翰者，存之亦博物之一端，不可廢也。蕃字叔茂，建陽人。宗王安石之學，工於吟詠，見《書錄解題》。克有《中興小曆》，已著錄。汝礪行事無所見，惟《宋史·宗室世系表》漢王房下，有漢東侯宗楷曾孫汝礪，意者即其人歟？

《東溪試茶錄》一卷，原本題宋宋子安撰，載左圭《百川學海》中，而晁公武《郡齋讀書志》又作朱子安，未詳孰是。然《百川學海》為舊刻，且《宋史·藝文志》亦作宋子安，疑《讀書志》朱字乃傳寫之訛也。其書蓋補丁謂、蔡襄兩家《茶錄》之所遺。東溪亦建安地名。凡分八目，曰總敘焙名，曰北苑，曰壑源，曰佛嶺，曰沙溪，曰茶名，曰採茶，曰茶病。大要以品茶宜辨所產之地，或相去咫尺而優劣頓殊，故錄中於諸焙道里遠近，最為詳盡。《宋史·藝文志》有呂惠卿《建安茶用記》二卷、章炳文《壑源茶錄》一卷、劉異《北苑拾遺》一卷，今俱失傳。所可考見建茶崖略者，惟此與熊蕃二錄爾。

《續茶經》三卷，《附錄》一卷，國朝陸廷燦撰。廷燦字秩昭，嘉定人。官崇安縣知縣，候補主事。自唐以來，茶品推武夷。武夷山即在崇安境，故廷燦官是縣時，習知其說，創為此稿。歸田後，訂緝成編，冠以陸羽《茶經》原本，而從其原目采摭諸書以續之。上卷續其一之源、二之具、三之造，中卷續其四之器，下卷自分三子卷，下之上續其五之煮、六之飲，下之中續其七之事、八之出，下之下續其九之略、十之圖。而以歷代茶法附為末卷，則原目所無，廷燦補之也。自唐以來閱數百載，凡產茶之地，製茶之法，業已歷代不同，即烹煮器具，亦古今多異。故陸羽所述，其書雖古，而其法多不可行於今。廷燦一一訂定補葺，頗切實用，其徵引亦頗繁富。觀所作《南村筆記》引李日華《紫桃軒又綴》『五台涷泉』一條，自稱此書失載，補錄於彼，則其搜葺亦可謂勤矣。錄而存之，亦足以資考訂。至於陸羽舊本，廷燦雖用以弁首，而其書久已別行，未可以續補之書掩其原目。故今刊去不載，惟錄廷燦之書焉。

《煎茶水記》一卷，唐張又新撰。又新字孔昭，深州陸澤人。司門員外郎薦之曾孫，工部侍郎薦之子也。元和九年進士第一。歷官右補闕，黨附李逢吉，為八關十六子之一。逢吉出為山南東道節度使，以又新為行軍司馬。坐田伾事，貶江州刺史。後又夤緣李訓，遷刑部郎中，為申州刺史。訓死，復坐貶，終於左司郎中。事迹具《新唐書》本傳。其書前列刑部侍郎劉伯芻所品七水，次列陸羽所品二十水，云元和九年初成名時，在薦福寺得於楚僧，本題曰《煮茶記》，乃代宗時湖州刺史李季卿得於陸羽口授。後有葉清臣《述煮茶泉品》一篇，歐陽修《大明水記》一篇、《浮槎山水記》一篇。考《書錄解題》載此書，已稱《大明水記》載卷末，則宋人所附入也。清臣所記稱又新此書為《水經》，疑偶然誤記。修所記極詆又新之妄，謂與陸羽所說皆不合。今以《茶經》校之，信然。殆以羽號善茶，當代所重，故又新託名歟？

一·茶經

唐·陸羽

欽定四庫全書　子部九

提要　譜録類飲饌之屬

茶經

臣等謹案茶經三卷唐陸羽撰唐書羽本傳稱羽著茶經三篇不言卷數藝文志載之小說家作三卷與今本同傳葢以一卷為一篇也陳師道後山集有茶經序曰陸羽茶經家傳一卷畢氏王氏書三卷張氏書四卷内外

書十有一卷其文繁簡不同王畢氏書繁雜意其舊本張氏書簡明與家書合而多脱誤家書近古可考正曰七之事以下其文乃合三書以成之録為二篇藏于家此本三卷其王氏畢氏之書歟抑後山集傳寫多訛誤三篇為二篇也其書分十類曰一之源二之具三之造四之器五之煮六之飲七之事八之出九之畧十之圖其曰具者皆採製之用其

曰罷者皆煎飲之用故二者異部其曰圖者乃謂統上九類寫以絹素張之非別有圖其類十其文實九也言茶者莫精于羽其文亦朴雅有古意七之事所引多古書如司馬相如凡將篇一條三十八字為他書所無亦旁資考辨之一端矣

茶録

臣等謹案茶録一巻宋蔡襄撰襄莆田人仁

宗賜字曰君謨見集中謝御筆賜字詩序仕至端明殿學
士謚忠惠事迹具宋史本傳是書乃其皇祐
中為右正言修起居注時所進通考載之作
試茶録然考石本亦作茶録則試字為誤增
明矣費衮梁溪漫志載有陳東此書跋曰余
聞之先生長者君謨為閩漕出意造密雲小
團為貢物富鄭公聞之嘆曰此僕妾愛其主
之事耳不意君謨亦復為此余時為兒聞此

語亦知感慕及見茶錄石本惜君謨不移此
筆書旅獒一篇以進云云案北苑貢茶錄稱
太平興國中特置龍鳳模造團茶是茶乃閩
之土貢苕溪漁隱叢話稱北苑官焙漕司歲
貢為上則造茶乃轉運使之職掌襄特精其
製是亦修舉官政之一端東所述富弼之言
未免操之已蹙羣芳譜亦載是語而以為出
歐陽修觀修所作龍茶錄後序即述襄造小

團茶事無一貶詞知其語出于依託安知富
弼之言不出依託耶此殆皆因蘇軾詩中有
前丁後蔡致養口體之語而附會其說非事
實也況造茶自慶歷中事進錄自皇祐中事
襄本閩人不過文人好事夸飾土產之結習
必欲加以深文則錢惟演之貢姚黄花亦為
軾詩所譏歐陽修作牡丹譜將并責以惜不
移此筆注大學中庸乎東所云云所謂言之

有故執之成理而實非通方之論者也

品茶要録

臣等謹案品茶要録一卷宋黄儒撰儒字道輔陳振孫書録解題作道父者誤也建安人熙寧六年進士此書不載于宋史藝文志明新安程百二始刊行之有蘇軾書後一篇稱儒博學能文不幸早亡云云其文見于閣本東坡外集然東坡外集實僞本（詳集部本條下）則

此文亦在疑信閒也書中皆論建茶分為十篇一采造過時二白合盜葉三入雜四蒸不熟五過熟六焦釜七壓葉八清膏九傷焙十辨壑源沙溪前後各為總論一篇大旨以茶之采製烹試各有其法低昂得失所辨甚微園民射利售欺易以淆混故特詳著其病以示人與他家茶録惟論地産品目及烹試器具者用意稍別惟東溪試茶録内有茶病一

條所稱烏帶白合蒸芽必熟諸語亦僅畧陳端緒不及此書之詳明録存其說可以互資考證也乾隆四十九年三月恭校上

總纂官臣紀昀臣陸錫熊臣孫士毅

總校官臣陸費墀

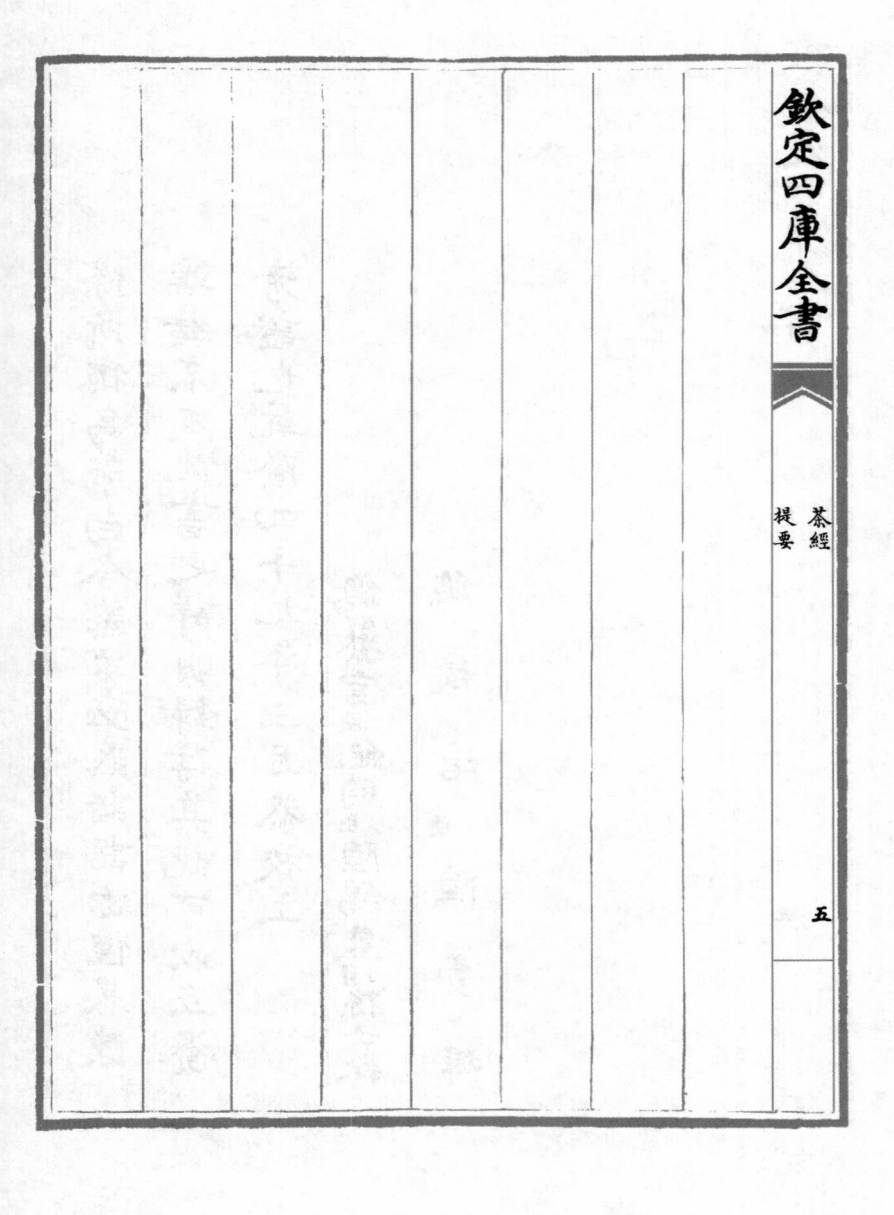

欽定四庫全書

茶經卷上

唐 陸羽 撰

一之源

茶者南方之嘉木也一尺二尺迺至數十尺其巴川峽山有兩人合抱者伐而掇之其樹如瓜蘆葉如梔子花如白薔薇實如栟櫚蒂如丁香根如胡桃瓜蘆木出廣州似茶至苦澀栟櫚蒲葵之屬其子似茶胡桃與茶根皆下孕兆至瓦礫苗木上抽其字或從草或從

木或草木并從草當作茶其字出開元文字通義從木當作𣗪其字出本草草木并作荼其字出爾雅其名一曰茶二曰檟三曰蔎四曰茗五曰荈周公云檟苦荼楊執戟云蜀西南人謂茶曰蔎郭弘農云早取為茶晚取為茗或一曰荈耳其地上者生爛石中者生櫟壤下者生黃土凡藝而不實植而罕茂法如種瓜三歲可採野者上園者次陽崖陰林紫者上綠者次笋者上牙者次葉卷上葉舒次陰山坡谷者不堪採掇性凝滯結瘕疾茶之為用味至寒為飲最宜精行儉德之人若熱渴凝悶腦疼目澀四支煩百節不舒聊

四五啜與醍醐甘露抗衡也採不時造不精雜以卉莽飲之成疾茶為累也亦猶人參上者生上黨中者生百濟新羅下者生高麗有生澤州易州幽州檀州者為藥無效況非此者設服薺苨使六疾不瘳知人參為累則茶累盡矣

二之具

籯加追反一曰籃一曰籠一曰筥以竹織之受五升或一斗二斗三斗者茶人負以採茶也籯漢書作籯所謂黃金滿籯不如一經顏

師古云籯竹器也受四升耳

竈無用突者釜用脣口者

甑或木或瓦匪腰而泥籃以箄之篾以系之始其蒸也入乎箄既其熟也出乎箄釜涸注於甑中（甑不帶而泥之）又以穀木枝三亞者制之散所蒸牙筍并葉畏流其膏

杵臼一曰碓惟恒用者佳

規一曰模一曰棬以鐵制之或圓或方或花

承一曰臺一曰砧以石為之不然以槐桑木半埋地中

事茗圖（局部）

明唐寅畫，手卷，設色紙本，縱 31.1 厘米，橫 105.8 厘米，現藏北京故宮博物院。

唐寅（一四七〇——一五二三），明代書畫家。字伯虎，後改字子畏，號六如居士、桃花庵主、逃禪仙吏等。早年隨沈周、周臣學畫，宗法李唐、劉松年，融會南北畫派，繪畫作品既有工筆，也有寫意，下筆嚴謹而自然，雅俗共賞，與沈周、文徵明、仇英並稱『明四家』。

《事茗圖》卷後畫家自題詩云：『日長何所事，茗碗自賫持。料得南窗下，清風滿鬢絲。』在其筆下，事茗者懷才不遇，空有大志卻無所事事，只能從品飲事茗中尋找寄托。

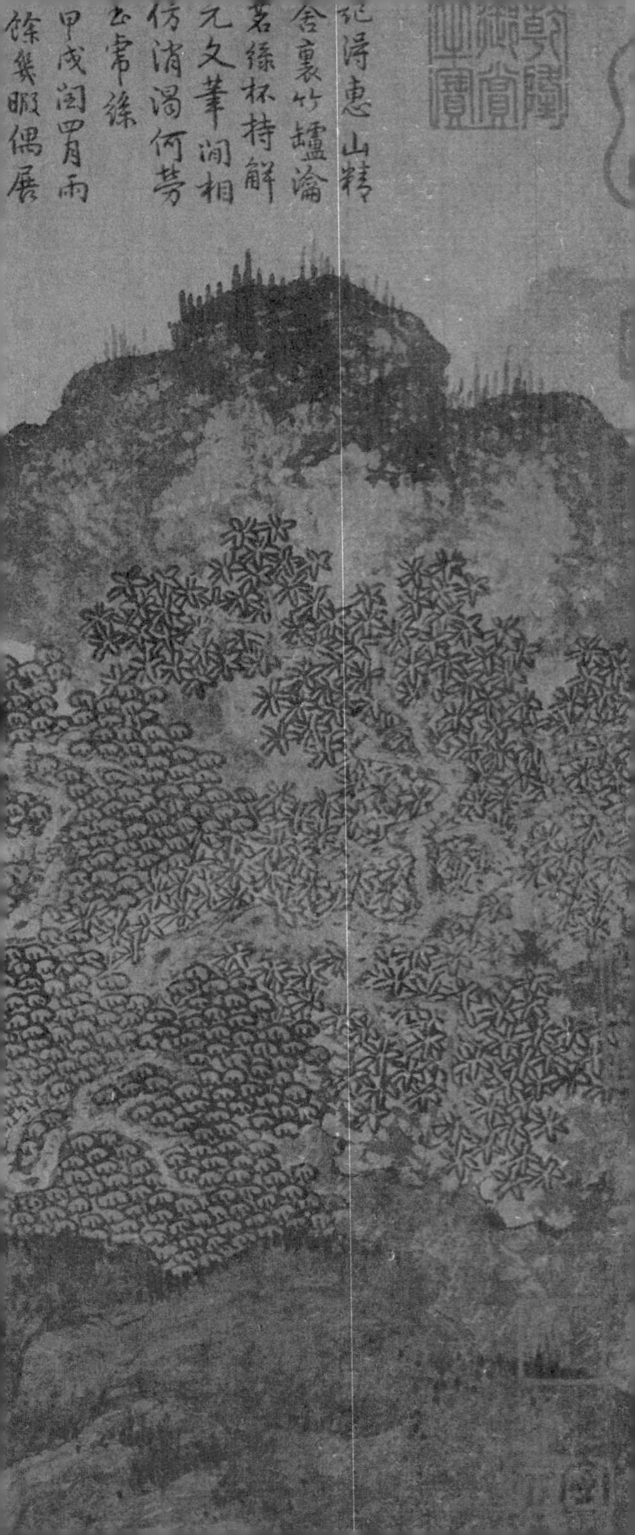
既得惠山精
舍裹竹爐瀹
茗緣杯持解
元文筆閒相
仿消渴何勞
甲戌閏四月雨
餘幾暇偶展

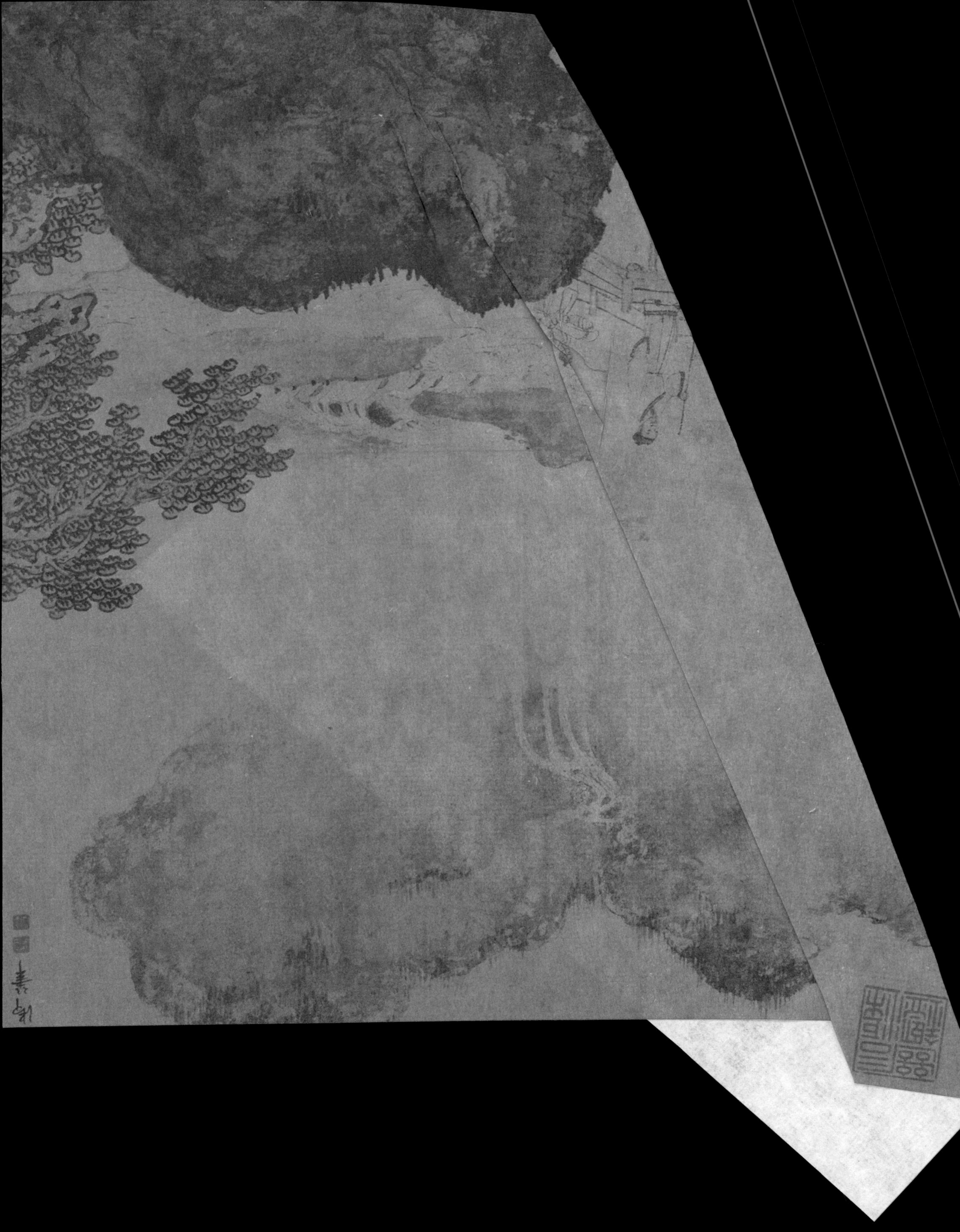

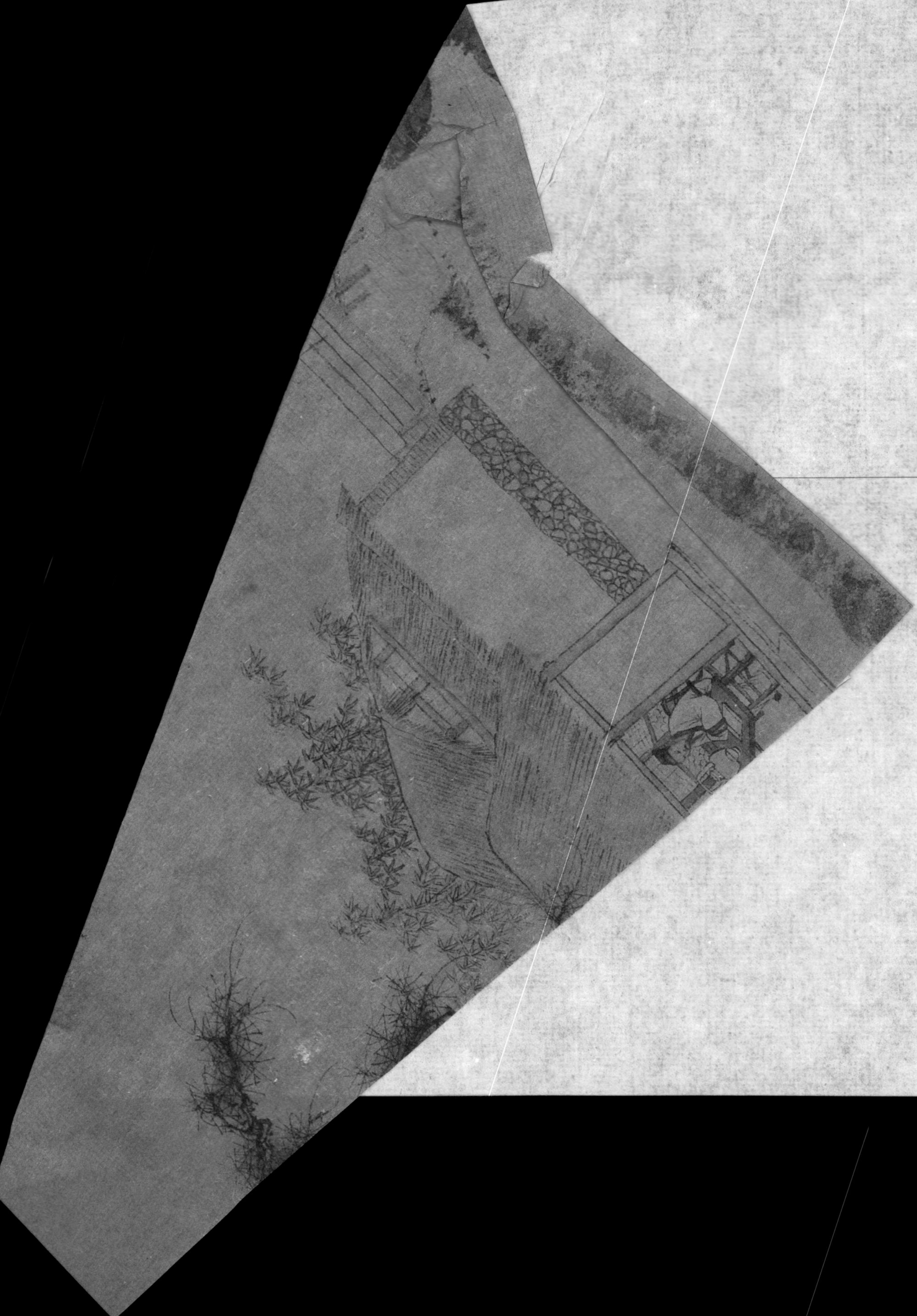

遣無所摇動

檐一曰衣以油絹或雨衫單服敗者為之以檐置承上又以規置檐上以造茶也茶成舉而易之

芘莉音杷離一曰羸子一曰筹筤以二小竹長三尺軀二尺五寸柄五寸以篾織方眼如圃人土羅闊二尺以列茶也

棨一曰錐刀柄以堅木為之用穿茶也

撲一曰鞭以竹為之穿茶以解茶也

焙鑿地深二尺闊二尺五寸長一丈上作短牆高二尺泥之

貫削竹為之長二尺五寸以貫茶焙之

棚一曰棧以木構於焙上編木兩層高一尺以焙茶也茶之半乾昇下棚全乾

穿音釧江東淮南剖竹為之巴川峽山紉穀皮為之江東以一斤為上穿半斤為中穿四兩五兩為小穿峽中以一百二十斤為上穿八十斤為中穿五十斤為小穿字

舊作釵釧之釧字或作貫串今則不然如磨扇彈鑽縫五字文以平聲書之義以去聲呼之其字以穿名之

育以木制之以竹編之以紙糊之中有隔上有覆下有牀傍有門掩一扇中置一器貯煻煨火令熅熅然江南梅雨時焚之以火（育者以其藏養為名）

三之造

凡採茶在二月三月四月之間茶之笋者生爛石沃土長四五寸若薇蕨始抽淩露採焉茶之牙者發於藂薄

之上有三枝四枝五枝者選其中枝穎拔者採焉其日有雨不採晴有雲不採晴採之蒸之擣之拍之焙之穿之封之茶之乾矣茶有千萬狀鹵莽而言如胡人韡者蹙縮然（京錐文也）犎牛臆者廉襜然浮雲出山者輪囷然輕飈拂水者涵澹然有如陶家之子羅膏土以水澄泚之（謂澄泥也）又如新治地者遇暴雨流潦之所經此皆茶之精腴有如竹籜者枝幹堅實艱於蒸擣故其形籭簁然（上離下師）有如霜荷者莖葉凋沮易其狀貌故厥狀委萃然此

皆茶之瘠老者也自採至于封七經目自胡鞾至于霜荷八等或以光黑平正言嘉者斯鑒之下也以皺黃坳垤言佳者鑒之次也若皆言嘉及皆言不嘉者鑒之上也何者出膏者光含膏者皺宿製者則黑日成者則黃蒸壓則平正縱之則坳垤此茶與草木葉一也茶之否臧存於口訣

茶經卷上

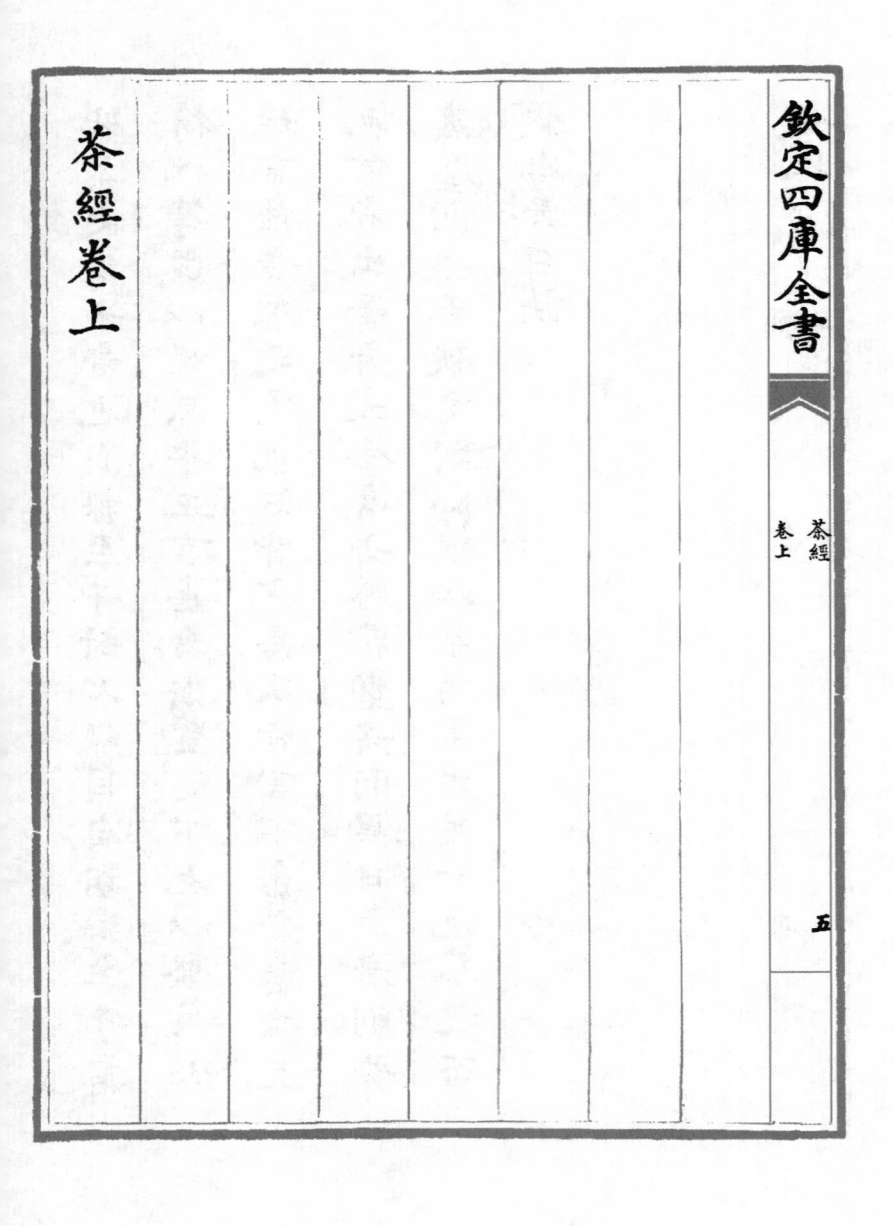

茶經卷中

唐　陸羽　撰

四之器

風爐（灰承）　筥　炭檛　鍑

交牀　夾　紙囊　碾（拂末）

羅合　則　水方　漉水囊

瓢　竹筴　鹺簋（揭）　熟盂

盌　畚　札　滌方

巾　具列　都籃

風爐 灰承

風爐以銅鐵鑄之如古鼎形厚三分緣闊九分令六分虛中致其杇墁凡三足古文書二十一字一足云坎上巽下離于中一足云體均五行去百疾一足云聖唐滅胡明年鑄其三足之間設三窻底一窻以為通飈漏燼之所上並古文書六字一窻

之上書伊公二字一窻之上書羮陸二字一窻之
上書氏茶二字所謂伊公羮陸氏茶也置墆埭於
其内設三格其一格有翟焉翟者火禽也畫一卦
曰離其一格有彪焉彪者風獸也畫一卦曰巽其
一格有魚焉魚者水蟲也畫一卦曰坎巽主風離
主火坎主水風能興火火能熟水故備其三卦焉
其飾以連葩垂蔓曲水方文之類其爐或鍛鐵爲
之或運泥爲之其灰承作三足鐵柈擡之

筥

筥以竹織之高一尺二寸徑闊七寸或用藤作木楦如筥形織之六出固眼其底蓋若利篋口鑠之

炭檛

炭檛以鐵六稜制之長一尺鋭一豐中執細頭系一小鋠以飾檛也若今之河隴軍人木吾也或作鎚或作斧隨其便也

火筴

火筴一名筯若常用者圓直一尺三寸頂平截無

葱臺勾鏁之屬以鐵或熟銅製之

鍑音輔或作釜或作鬴

鍑以生鐵為之今人有業冶者所謂急鐵其鐵以

耕刀之趄鍊而鑄之内摸土而外摸沙土滑於内

易其摩滌沙澁於外吸其炎焰方其耳以正令也

廣其緣以務遠也長其臍以守中也臍長則沸中

沸中則末易揚末易揚則其味淳也洪州以瓷為

之萊州以石為之瓷與石皆雅器也性非堅實難可持久用銀為之至潔但涉於侈麗雅則雅矣潔亦潔矣若用之恒而卒歸於銀也

交牀

交牀以十字交之剜中令虚以支鍑也

夾

夾以小青竹為之長一尺二寸令一寸有節節已上剖之以炙茶也彼竹之篠津潤于火假其香潔

以益茶味恐非林谷間莫之致或用精鐵熟銅之

類取其久

紙囊

紙囊以剡藤紙白厚者夾縫之以貯所炙茶使不

泄其香也

碾 拂末

碾以橘木為之次以梨桑桐柘為之内圓而外方

内圓備於運行也外方制其傾危也内容墮而外

無餘木墮形如車輪不輻而軸焉長九寸濶一寸七分墮徑三寸八分中厚一寸邊厚半寸軸中方而執圓其拂末以鳥羽製之

羅合

羅末以合蓋貯之以則置合中用巨竹剖而屈之以紗絹衣之其合以竹節為之或屈杉以漆之高三寸蓋一寸底二寸口徑四寸

則

則以海貝蠣蛤之屬或以銅鐵竹匕策之類則者量也準也度也凡煮水一升用末方寸匕若好薄者減之嗜濃者增之故云則也

水方

水方以椆木槐楸梓等合之其裏并外縫漆之受一斗

漉水囊

漉水囊若常用者其格以生銅鑄之以備水濕無

有苔穢腥澁意以熟銅苔穢鐵腥澁也林栖谷隱
者或用以竹木木與竹非持久涉遠之具故用之
生銅其囊織青竹以捲之裁碧縑以縫之細翠鈿
以綴之又作綠油囊以貯之圓徑五寸柄一寸五
分

瓢

瓢一曰犧杓剖瓠為之或刊木為之晉舍人杜毓
荈賦云酌之以匏匏瓢也口闊脛薄柄短永嘉中

餘姚人虞洪入瀑布山採茗遇一道士云吾丹丘子祈子他日甌犧之餘乞相遺也犧木杓也今常用以梨木為之

竹筴

竹筴或以桃栁蒲葵木為之或以柹心木為之長一尺銀裹兩頭

鹺簋

鹺簋以瓷為之圓徑四寸若合形或瓶或罍貯鹽

花也其撒竹制長四寸一分闊九分撒策也

熟盂

熟盂以貯熟水或瓷或沙受二升

盌

盌越州上鼎州次邢州次岳州次壽州洪州次或者以邢州處越州上殊為不然若邢瓷類銀越瓷類玉邢不如越一也若邢瓷類雪則越瓷類冰邢不如越二也邢瓷白而茶色丹越瓷青而茶色綠

邢不如越三也晉杜毓荈賦所謂器擇陶揀出自東甌甌越也甌越州上口脣不卷底卷而淺受半升已下越州瓷岳瓷皆青青則益茶茶作白紅之色邢州瓷白茶色紅壽州瓷黄茶色紫洪州瓷褐茶色黑悉不宜茶

畚

畚以白蒲捲而編之可貯盌十枚或用筥其紙帊以剡紙夾縫令方亦十之也

札

札緝栟櫚皮以茱萸木夾而縛之或截竹束而管之若巨筆形

滌方

滌方以貯滌洗之餘用楸木合之制如水方受八升

滓方

滓方以集諸滓製如滌方處五升

巾

巾以絁布為之長二尺作二枚互用之以潔諸器

具列

具列或作牀或作架或純木純竹而製之或木法竹黄黑可用而漆者長三尺濶二尺高六寸其到者悉斂諸器物悉以陳列也

都籃

都籃以悉設諸器而名之以竹篾内作三角方眼

外以雙篾闊者經之以單篾纖者縛之遞壓雙經
作方眼使玲瓏高一尺五寸底闊一尺高二寸長
二尺四寸闊二尺

茶經卷中

欽定四庫全書

茶經卷下

唐 陸羽 撰

五之煮

凡炙茶慎勿於風燼間炙熛焰如鑽使炎涼不均持以逼火屢其（飛番）正候炮（普教反）出培塿狀蝦蟇背然後去火五寸卷而舒則本其始又炙之若火乾者以氣熟止日乾者以柔止其始若茶之至嫩者蒸罷熱搗葉爛而牙

笋存焉假以力者持千鈞杵亦不之爛如漆科珠壯士接之不能駐其指及就則似無穰骨也炙之則其節若倪倪如嬰兒之臂耳既而承熱用紙囊貯之精華之氣無所散越候寒末之（末之上者其屑如細米　末之下者其屑如菱角）其火用炭次用勁薪（謂桑槐桐櫪之類也）其炭曾經燔炙為膻膩所及及膏木敗器不用之（膏木謂柏桂檜也　敗器謂朽廢物也）古人有勞薪之味信哉其水用山水上江水中井水下（荈賦所謂水則岷方之注挹彼清流）其山水揀乳泉石池慢流者上其瀑湧湍漱勿食之久食

令人有頸疾又多别流於山谷者澄浸不洩自火天至霜郊以前或潛龍蓄毒於其間飲者可決之以流其惡使新泉涓涓然酌之其江水取去人遠者井取汲多者其沸如魚目微有聲為一沸緣邊如湧泉連珠為二沸騰波鼓浪為三沸已上水老不可食也初沸則水合量調之以鹽味謂棄其啜餘（啜嘗也市税反又市悦反）無迺䶗䶣而鍾其一味乎（上古暫反下吐濫反無味也）第二沸出水一瓢以竹筴環激湯心則量末當中心而下有頃勢若奔濤濺沫以所

出水止之而育其華也凡酌置諸盌令沫餑均字書并本草餑均茗沫也蒲笏反沫餑湯之華也華之薄者曰沫厚者曰餑細輕者曰花如棗花漂漂然於環池之上又如迴潭曲渚青萍之始生又如晴天爽朗有浮雲鱗然其沫者若綠錢浮於水渭又如菊英墮於罇俎之中餑者以滓煮之及沸則重華累沫皤皤然若積雪耳荈賦所謂煥如積雪燁若春藪有之第一煮水沸而棄其沫之上有水膜如黑雲母飲之則其味不正其第一者為雋永徐縣全縣二反

至美者曰雋永雋味也永長也味長曰雋永漢書蒯通著雋永二十篇也或留熟以貯之以備育華救沸之用其第一與第二第三盌次之第四第五盌外非渴甚莫之飲凡煮水一升酌五分盌盌數少至三多至五若人多至十加兩爐乘熱連飲之以重濁凝其下精英浮其上如冷則精英隨氣而竭飲啜不消亦然矣茶性儉不宜廣則其味黯澹且如一滿盌啜半而味寡況其廣乎其色緗也其馨歎也香至美曰歎歎音使其味甘檟也不甘而苦荈也啜苦咽甘茶也一本云其味苦而不甘檟也甘而不苦荈也

六之飲

翼而飛毛而走去而言此三者俱生於天地間飲啄以活飲之時義遠矣哉至若救渴飲之以漿蠲憂忿飲之以酒蕩昏寐飲之以茶茶之為飲發乎神農氏聞於魯周公齊有晏嬰漢有揚雄司馬相如吳有韋曜晉有劉琨張載與陸納謝安左思之徒皆飲焉滂時浸俗盛於國朝兩都并荊俞間以為比屋之飲飲有觕茶散茶末茶餅茶者乃煮乃熬乃煬乃舂貯於瓶缶之中以湯沃

焉謂之痷茶或用葱薑棗橘皮茱萸薄荷之等煮之百
沸或揚令滑或煮去沫斯溝渠間棄水耳而習俗不已
於戲天育萬物皆有至妙人之所工但獵淺易所庇者
屋屋精極所著者衣衣精極所飽者飲食食與酒皆精
極之茶有九難一曰造二曰別三曰器四曰火五曰水
六曰炙七曰末八曰煮九曰飲陰採夜焙非造也嚼味
嗅香非別也羶鼎腥甌非器也膏薪庖炭非火也飛湍
壅潦非水也外熟内生非炙也碧粉縹塵非末也操艱

攪遽非煮也夏興冬廢非飲也夫珍鮮馥烈者其盌數

三次之者盌數五若坐客數至五行三盌至七行五盌

若六人已下不約盌數但闕一人而已其雋永補所闕

人

七之事

三皇炎帝神農氏周魯周公旦齊相晏嬰漢仙人丹丘

子黃山君司馬文園令相如揚執戟雄吳歸命侯韋太

傅弘嗣晉惠帝劉司空琨琨兄子兗州刺史演張黃門

孟陽傅司隸咸江洗馬充孫參軍楚左記室太冲陸吳
興納納兄子會稽内史俶謝冠軍安石郭弘農璞桓揚
州温杜舍人毓武康小山寺釋法瑶沛國夏侯愷餘姚
虞洪北地傅巽丹陽弘君舉安任育宣城秦精燉煌單
道開剡縣陳務妻廣陵老姥河内山謙之後魏瑯琊王
肅宋新安王子鸞鸞弟豫章王子尚鮑昭妹令暉八公
山沙門譚濟齊世祖武帝梁劉廷尉陶先生弘景皇朝
徐英公勣

神農食經茶茗久服令人有力悅志

周公爾雅檟苦茶廣雅云荆巴間採葉作餅葉老者餅成以米膏出之欲煮茗飲先炙令赤色搗末置瓷器中以湯澆覆之用葱薑橘子芼之其飲醒酒令人不眠

晏子春秋嬰相齊景公時食脫粟之飯炙三弋五卵茗茶而已

司馬相如凡將篇烏喙桔梗芫華款冬貝母木蘗蔞芩草芍藥桂漏蘆蜚廉雚菌荈詫白斂白芷菖蒲芒消莞

椒茱萸

方言蜀西南人謂茶曰蔎

吳志韋曜傳孫皓每饗宴坐席無不率以七升為限雖不盡入口皆澆灌取盡曜飲酒不過二升皓初禮異密賜茶荈以代酒

晉中興書陸納為吳興太守時衛將軍謝安常欲詣納晉書云納為吏部尚書納兄子俶怪納無所備不敢問之乃私蓄十數人饌安既至所設唯茶果而已俶遂陳盛饌珍羞

畢具及安去納杖俶四十云汝既不能光益叔父柰何穢吾素業

晉書桓温為揚州牧性儉每讌飲唯下七奠拌茶果而已

搜神記夏侯愷因疾死宗人字苟奴察見鬼神見愷來收馬并與其妻著平時布單衣入坐生時西壁大牀就人覓茶飲

劉琨與兄子南兖州刺史演書云前得安州乾薑一斤

桂一斤黄芩一斤皆所須也吾體中潰悶常仰真茶汝可置之

傅咸司隸教曰聞南方有以困蜀嫗作茶粥賣為廉事打破其器具者又賣餅於市而禁茶粥以蜀姥何哉

神異記餘姚人虞洪入山採茗遇一道士牽三青牛引洪至瀑布山曰吾丹丘子也聞子善具飲常思見惠山中有大茗可以相給祈子他日有甌犧之餘乞相遺也因立奠祀後常令家人入山獲大茗焉

左思嬌女詩吾家有嬌女皎皎頗白晳小字為紈素口齒自清歴有姉字惠芳眉目粲如畫馳騖翔園林果下皆生摘貪華風雨中倏忽數百適心為茶荈劇吹噓對鼎鑩

張孟陽登成都樓詩云借問揚子舍想見長卿廬程卓累千金驕侈擬五侯門有連騎客翠帯腰吳鈎鼎食隨時進百和妙且殊披林採秋橘臨江釣春魚黒子過龍醢果饌踰蟹蝑芳茶冠六情溢味播九區人生茍安樂

玆土聊可娛

傅巽七誨蒲桃宛柰齊柿燕栗峘陽黄梨巫山朱橘南

中茶子西極石蜜

弘君舉食檄寒温既畢應下霜華之茗三爵而終應下

諸蔗木瓜元李楊梅五味橄欖懸豹葵羮各一杯

孫楚歌茱萸出芳樹顛鯉魚出洛水泉白鹽出河東美豉

出魯淵薑桂茶荈出巴蜀椒橘木蘭出高山蓼蘇出溝渠

精稗出中田

華佗食論苦茶久食益意思

壺居士食忌苦茶久食羽化與韭同食令人體重郭璞

爾雅注云樹小似梔子冬生葉可煮羮飲今呼早取為

茶晚取為茗或一曰荈蜀人名之苦茶

世説任瞻字育長少時有令名自過江失志既下飲問

人云此為茶為茗覺人有怪色乃自分明云向問飲為

熱為冷

續搜神記晉武帝宣城人秦精常入武昌山採茗遇一

毛人長丈餘引精至山下示以茶茗而去俄而復還乃探懷中橘以遺精精怖負茗而歸

晉四王起事惠帝蒙塵還洛陽黄門以瓦盂盛茶上至尊

異苑剡縣陳務妻少與二子寡居好飲茶茗以宅中有古塚每飲輒先祀之二子患之曰古塚何知徒以勞意欲掘去之母苦禁而止其夜夢一人云吾止此塚三百餘年卿二子恒欲見毀賴相保護又享吾佳茗雖潛壤

朽骨豈忘翳桑之報及曉於庭中獲錢十萬似久埋者但貫新耳母告二子慙之從是禱饋愈甚

廣陵耆老傳晉元帝時有老姥每旦獨提一器茗往市鬻之市人競買自旦至夕其器不減所得錢散路傍孤貧乞人人或異之州法曹縶之獄中至夜老姥執所鬻茗器從獄牖中飛出

藝術傳燉煌人單道開不畏寒暑常服小石子所服藥有松桂蜜之氣所餘茶蘇而已釋道該說續名僧傳宋

釋法瑤姓楊氏河東人永嘉中過江遇沈臺真言君在

武康小山寺年垂懸車飯所飲茶永明中勑吳興禮致

上京年七十九

宋江氏家傳江統以應遷愍懷太子洗馬常上疏諫云

今西園賣醯麪藍子菜茶之屬虧敗國體

宋錄新安王子鸞豫章王子尚詣曇濟道人於八公山

道人設茶茗子尚味之曰此甘露也何言茶茗

王微雜詩寂寂掩高閣寥寥空廣廈待君竟不歸收領

令就檟

鮑昭妹令暉著香茗賦

南齊世祖武皇帝遺詔我靈座上慎勿以牲為祭但設餅果茶飲乾飯酒脯而已

梁劉孝綽謝晉安王餉米等啓傳詔李孟孫宣教旨垂賜米酒瓜筍葅脯酢茗八種氣苾新城味芳雲松江潭抽節邁昌荇之珍壃場擢翹越葺精之美羞非純束野麐裛似雪之驢鮓異陶瓶河鯉操如瓊之粲茗同食粲

酢顏望楫免千里宿舂省三月種聚小人懷惠大懿難忘

陶弘景雜録苦茶輕身換骨昔丹丘子黄山君服之

後魏録瑯琊王肅仕南朝好茗飲蓴羮及還北地又好

羊肉酪漿人或問之茗何如酪肅曰茗不堪與酪為奴

桐君録西陽武昌廬江昔陵好茗皆東人作清茗茗有

餑飲之宜人凡可飲之物皆多取其葉天門冬扶揳取

根皆益人又巴東别有真茗茶煎飲令人不眠俗中多

煮檀葉并大皁李作茶並冷又南方有瓜蘆木亦似茗

至苦澀取為屑茶飲亦可通夜不眠煮鹽人但資此飲
而交廣最重客來先設乃加以香芼輩坤元錄辰州漵
浦縣西北三百五十里無射山云蠻俗當吉慶之時親
族集會歌舞於山上山多茶樹
括地圖臨遂縣東一百四十里有茶溪
山謙之吳興記烏程縣西二十里有溫山出御荈
夷陵圖經黃牛荊門女觀望州等山茶茗出焉
永嘉圖經永嘉縣東三百里有白茶山

淮陰圖經山陽縣南二十里有茶坡
茶陵圖經云茶陵者所謂陵谷生茶茗焉本草木部茗
苦茶味甘苦微寒無毒主瘻瘡利小便去痰渴熱令人
少睡秋採之苦主下氣消食注云春採之
本草菜部苦茶一名茶一名選一名游冬生益州川谷
山陵道傍凌冬不死三月三日採乾注云疑此即是今
茶一名茶令人不眠本草注按詩云誰謂茶苦又云堇
茶如飴皆苦菜也陶謂之苦茶木類非菜流茗春採謂

之苦𣘻途遐反

枕中方療積年瘻苦茶蜈蚣並炙令香熟等分搗篩煮甘草湯洗以末傅之

孺子方療小兒無故驚蹶以苦茶葱鬚煮服之

八之出

山南以峽州上峽州生遠安宜都夷陵三縣山谷襄州荊州次襄州生南鄭縣山谷荊州生江陵縣山谷衡州下生衡山茶陵二縣山谷金州梁州又下金州生西城安康二縣山谷梁州生褒城金牛二縣山谷淮南以光州上生光山縣黄頭港者與峽州同

義陽郡舒州次生義陽縣鍾山者與襄州同舒州生太湖縣潛山者與荆州同壽州下盛唐縣生霍山者與衡山同也蘄州黃州又下蘄州生黃梅縣山谷黃州生麻城縣山谷並與荆州梁州同也浙西以湖州上湖州生長城縣顧渚山谷與峽州光州同生山桑儒師二寺白茅山懸脚嶺與襄州荆南義陽郡同生鳳亭山伏翼閣飛雲曲水二寺啄木嶺與壽州常州同生安吉武康二縣山谷與金州梁州同常州次常州義興縣生君山懸脚嶺北峰下與荆州義陽郡同生圈嶺善權寺石亭山與舒州同宣州杭州睦州歙州下宣州生宣城縣雅山與蘄州同太平縣生上睦臨睦與黃州同杭州臨安於潛二縣生天目山與舒州同錢塘生天竺靈隱二寺睦州生桐廬縣山谷歙州生婺源山谷與衡州同潤州蘇州又下潤州江寧縣生傲山蘇州長洲縣生洞庭山與金州蘄州

梁州同

劒南以彭州上生九隴縣馬鞍山至德寺棚口與襄州同綿州蜀州次綿州龍安縣生松嶺關與荆州同其西昌昌明神泉縣西山者並佳有過松嶺者不堪採蜀州青城縣生丈人山與綿州同青城縣有散茶木茶邛州次雅州瀘州下雅州百丈山名山瀘州瀘川者與金州同也眉州漢州又下眉州丹校縣生鐵山者漢州綿竹縣生竹山者與潤州同

浙東以越州上餘姚縣生瀑布泉嶺曰仙茗大者殊異小者與襄州同明州婺州次明州貨縣生榆莢村婺州東陽縣東自山與荆州同台州下始州豐縣生赤城者與歙州同

黔中生恩州播州費州夷州江南生鄂州袁州吉州嶺南生福州建州韶州象州福州生閩方山之陰縣也

其思播費夷鄂袁吉福建泉韶象十一州未詳往往得之其味極佳

九之畧

其造法若方春禁火之時於野寺山園叢手而掇乃蒸乃舂乃焙以火乾之則又棨撲焙貫棚穿育等七事皆廢其煮器若松間石上可坐則具列廢用槁薪鼎櫪之屬則風爐灰承炭檛火筴交牀等廢若瞰泉臨澗則水方滌方漉水囊廢若五人已下茶可末而精者則羅廢

若援藟躋嵒引絙入洞於山口炙而末之或紙包合貯則碾拂末等廢既瓢盌筴札熟盂醝簋悉以一筥盛之則都籃廢但城邑之中王公之門二十四器闕一則茶廢矣

十之圖

以絹素或四幅或六幅分布寫之陳諸座隅則茶之源之具之造之器之煮之飲之事之出之畧目擊而存於是茶經之始終備焉

茶經卷下

二・茶録

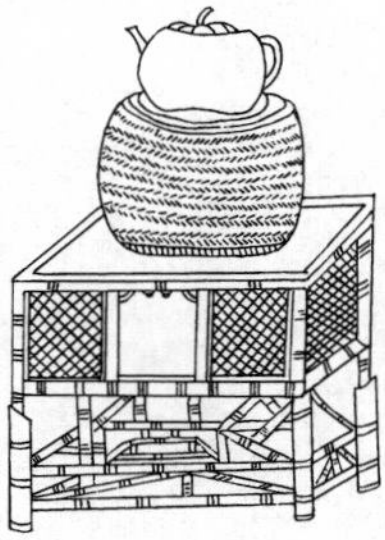

宋・蔡襄

茶録序

臣前因奏事伏蒙陛下諭臣先任福建轉運使日所進上品龍茶最為精好臣退念草木之微首辱陛下知鑒若處之得地則能盡其材昔陸羽茶經不第建安之品丁謂茶圖獨論採造之本至於烹試曽未有聞臣輒條數事簡而易明勒成二篇名曰茶録伏惟清閒之宴或賜觀采臣不勝惶懼榮幸之至蔡襄謹序

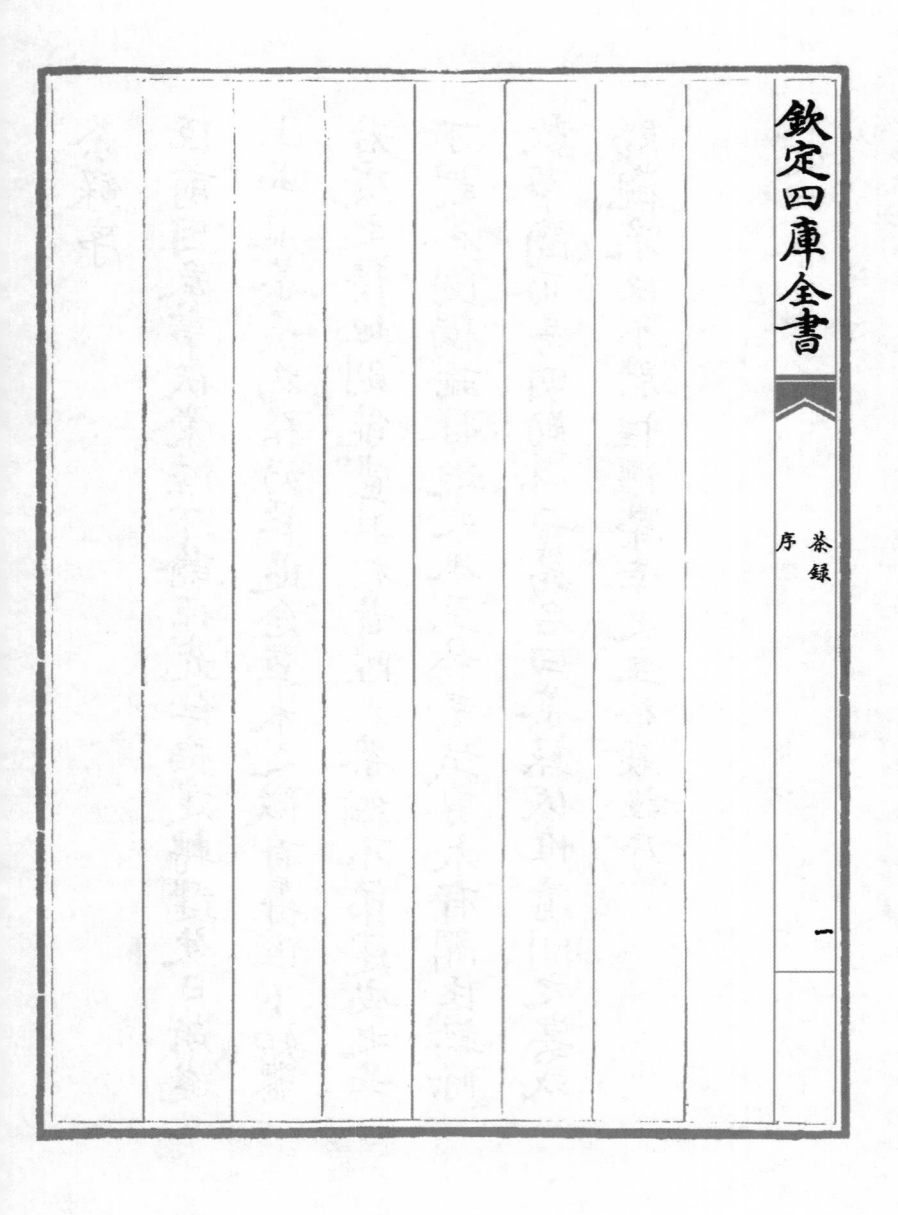

欽定四庫全書

茶録

宋　蔡襄　撰

上篇論茶

色

茶色貴白而餅茶多以珍膏油去聲其面故有青黄紫黑之異善别茶者正如相工之眎人氣色也隱然察之於内以肉理潤者為上既已别之黄白者受水昏重青

白者受水詳明故建安人鬬試以青白勝黄白

香

茶有真香而入貢者微以龍腦和膏欲助其香建安民間試茶皆不入香恐奪其真若烹點之際又雜珍果香草其奪益甚正當不用

味

茶味主於甘滑惟北苑鳳凰山連屬諸焙所產者味佳隔溪諸山雖及時加意製作色味皆重莫能及也又有

水泉不甘能損茶味前世之論水品者以此

藏茶

茶宜蒻葉而畏香藥喜温燥而忌濕冷故收藏之家以蒻葉封裹入焙中兩三日一次用火常如人體温温則禦濕潤若火多則茶焦不可食

炙茶

茶或經年則香色味皆陳於淨器中以沸湯漬之刮去膏油一兩重乃止以鈐箝之微火炙乾然後碎碾若當

年新茶則不用此説

碾茶

碾茶先以淨紙密裹搥碎然後熟碾其大要旋碾則色清或經宿則色已昏矣

羅茶

羅細則茶浮麤則水浮

候湯

候湯最難未熟則沫浮過熟則茶沉前世謂之蟹眼者

過熟湯也沉瓶中煮之不可辯故曰候湯最難

熁盞

凡欲點茶先須熁盞令熱冷則茶不浮

點茶

茶少湯多則雲脚散湯少茶多則粥面聚建人謂之雲脚粥面鈔茶一錢匕先注湯調令極勻又添注入環迴擊拂湯上盞可四分則止眂其面色鮮白著盞無水痕為絶佳建安鬬試以水痕先者為負耐久者為勝故較勝負之說

曰相去一水兩水

下篇論茶器

茶焙

茶焙編竹為之裹以蒻葉葢其上以收火也隔其中以有容也納火其下去茶尺許常温温然所以養茶色香味也

茶籠

茶不入焙者宜密封裹以蒻籠盛之置高處不近濕氣

砧椎

砧椎蓋以砧茶砧以木為之椎或金或鐵取於便用

茶鈐

茶鈐屈金鐵為之用以炙茶

茶碾

茶碾以銀或鐵為之黄金性柔銅及碖石皆能生鉎音星不入用

茶羅

茶羅以絶細為佳羅底用蜀東川鵝溪畫絹之密者投湯中揉洗以冪之

茶盞

茶色白宜黒盞建安所造者紺黒紋如兎毫其坯微厚熁之久熱難冷最為要用出他處者或薄或色紫皆不及也其青白盞鬭試家自不用

茶匙

茶匙要重擊拂有力黄金為上人間以銀鐵為之竹者

輕建茶不取

湯瓶

瓶要小者易候湯又㸃茶注湯有準黄金為上人間以銀鐵或瓷石為之

茶録

三・品茶要錄

宋・黄儒

欽定四庫全書

品茶要録

宋　黄儒　撰

總論

說者常怪陸羽茶經不第建安之品葢前此茶事未甚興靈芽真笋往往委翳消腐而人不知惜自國初以來士大夫沐浴膏澤詠歌昇平之日久矣夫體勢灑落神觀冲淡惟兹茗飲爲可喜園林亦相與摘英夸異制捲

鬻新而趨時之好故殊絶之品始得自出于蓁莽之中而其名遂冠天下借使陸羽復起閲其金餅味其雲腴當爽然自失矣因念草木之材一有負瓌偉絶特者未嘗不遇時而後興况于人乎然士大夫間爲珍藏精試之具非會雅要真未嘗輒出其好事者又嘗論其采制之出入器用之宜否較試之湯火圖于縑素傳翫于時獨未有補于賞鑒之明爾蓋園民射利膏油其面色品味易辨而難評予因收閲之暇爲原采造之得失較試

之低昂次爲十說以中其病題曰品茶要録云

一采造過時

茶事起于驚蟄前其采芽如鷹爪初造曰試焙又曰一火次曰二火二火之茶已次一火矣故市茶芽者惟同出于三火前者爲最佳尤喜薄寒氣候陰不至于凍（芽茶尤畏霜有造于一火二火皆遇霜而三火霜霽則三火之茶勝矣）時不至于暄則穀芽含養約勒而滋長有漸采工亦優爲矣凡試時泛色鮮白隱于薄霧者得于佳時而然也有造于積雨者其色

昏黄或氣候暴暄茶芽蒸發采工汗手熏漬揀摘不給則製造雖多皆為常品矣試時色非鮮白水脚微紅者過時之病也

二白合盜葉

茶之精絶者曰鬬曰亞鬬其次揀芽茶芽鬬品雖最上園户或止一株葢天材間有特異非能皆然也且物之變勢無窮而人之耳目有盡故造鬬品之竒有昔優而今劣前負而後勝者雖工有至有不至亦造化推移不

可得而擅也其造一火曰鬬二火曰亞鬬不過十數銙而已揀芽則不然徧園隴中擇其精英者爾其或貪多務得又滋色澤往往以白合盜葉間試試時色雖鮮白其味澀淡者間白合盜葉之病也一鷹爪之芽有兩小葉抱而生者白合也新條葉之抱生而色白者盜葉也造揀芽常剔取鷹爪而白合不用況盜葉乎

三入雜

物固不可以容偽況飲食之物尤不可也故茶有入他葉者建人號為入雜銙列入柿葉常品入桴檻葉二葉

易致又滋色澤園民欺售直而為之試時無栗紋甘香盞面浮散隱如微毛或星星而纖絮者入雜之病也善茶品者側盞視之所入之多寡從可知矣嚮上下品有之近雖銙列亦或勾使

四蒸不熟

穀芽初采不過盈箱而已趨時爭新之勢然也既采而蒸既蒸而研蒸有不熟之病有過熟之病蒸不熟則雖精芽所損已多試時色青易沈味為挑入之氣者不蒸

熟之病也唯正熟者味甘香

五過熟

茶芽方蒸以氣為候視之不可以不謹也試時色黄而粟紋大者過熟之病也然雖過熟愈于不熟甘香之味勝也故君謨論色則以青白勝黄白余論味則以黄白勝青白

六焦釜

茶蒸不可以逾久久而過熟又久則湯乾而焦釜之氣

上茶工有乏湯湯以益之是致熏損茶黄試時色多昏紅氣焦味惡者焦釜之病也建人號為熱鍋氣

七壓黄

茶已蒸者為黄黄細則已入捲模制之矣益清潔鮮明則香色如之故采佳品者常于半曉間冲蒙雲霧或以罐汲新泉懸胸間得必投其中盖欲鮮也其或日氣烘爍茶芽暴長工力不給其芽已陳而不及蒸蒸而不及研研或出宿而後製試時色不鮮明薄如壞卵氣者壓

黄也

八漬膏

茶餅光黄又如蔭潤者榨不乾也榨欲盡去其膏膏盡則有如乾竹葉之色惟飾首面者故榨不欲乾以利易售試時色雖鮮白其味帶苦者漬膏之病也

九傷焙

夫茶本以芽葉之物就之捲模既出卷上笪焙之用火務令通徹即以灰覆之虛其中以熱火氣然茶民不許

用實炭號爲冷火以茶餅新温欲速乾以見售故用火常帶煙焰煙焰既多稍失看候以故熏損茶餅試時其色昏紅氣味帶焦者傷焰之病也

十辯壑源沙溪

壑源沙溪其地相背而中隔一嶺其勢無數里之遠然茶産頓殊有能出火移栽植之亦爲土氣所化竊嘗怪茶之爲草一物爾其勢必由得地而後異豈水絡地脉偏種粹于壑源抑御焙占此大岡巍隴神物伏護得其

餘蔭耶何其甘芳精至而獨擅天下也觀夫春雷一驚筠籠纔起售者已擔簦挈橐于其門或先期而散留金錢或茶纔入笪而爭酬所直故壑源之茶常不足客所求其有桀滑之園民陰取沙溪茶黄雜就家棬而製之人徒趨其名睨其規模之相若不能原其實者蓋有之矣凡壑源之茶售以十則沙溪之茶售以五其直大率做此然沙溪之園民亦勇于為利或雜以松黄飾其首面凡肉理怯薄體輕而色黄試時雖鮮白不能久泛香

薄而味短者沙溪之品也凡肉理實厚體堅而色紫試時泛盞凝久香滑而味長者壑源之品也

後論

余嘗論茶之精絶者白合未開其細如麥蓋得青陽之輕清者也又其山多帶沙石而號嘉品者皆在山南蓋得朝陽之和者也余嘗事閒乘晷景之明淨適軒亭之瀟灑一取佳品嘗試既而求水生于華池愈甘而清其有助乎然建安之茶散天下者不為少而得建安之精

品不爲多益有得之者不能辯能辯矣或不善于烹試
善烹試矣或非其時猶不善也況非其賓乎然未有主
賢而賓愚者也夫惟知此然後盡茶之事昔者陸羽號
爲知茶然羽之所知者皆今所謂草茶何哉如鴻漸所
論蒸筍并葉畏流其膏蓋草茶味短而淡故常恐去膏
建茶力厚而甘故惟欲去膏又論福建爲未詳往往得
其味極佳由是觀之鴻漸未嘗到建安歟

品茶要録

四・宣和北苑貢茶錄

宋・熊蕃

欽定四庫全書　　　子部九

提要　　　譜録類飲饌之屬

宣和北苑貢茶録

臣等謹案宣和北苑貢茶録一卷附北苑別録一卷宋熊蕃撰所述皆建安茶園採焙入貢法式淳熙中其子校書郎克始録諸木凡為圖三十有八附以採茶詩十章陳振孫書録解題謂蕃子克益寫其形製而傳之則圖

蓋克所增入也時福建轉運使主管帳司趙汝礪復作别録一卷以補其未備所言水數贏縮火候淹亟綱次先後品味多寡尤極該晰考茗飲盛於唐至南唐始立茶官北苑所由名也至宋而建茶遂名天下壑源沙溪以外北苑獨稱官焙為漕司歲貢所自出文士每紀述其事然書不盡傳傳者亦多疎畧惟此二書於當時任土作貢之制言之最詳所

載模製器具頗多新意亦有可以資故實而供詞翰者存之亦博物之一端不可廢也蕃字叔茂建陽人宗王安石之學工於吟咏見書録解題克有中興小歷已著録汝礪行事無所見惟宋史宗室世系表漢王房下有漢東侯宗楷曾孫汝礪意者即其人歟

東溪試茶録

臣等謹案東溪試茶録一卷原本題宋宋子

安撰載左圭百川學海中而晁公武郡齋讀書志又作朱子安未詳孰是然百川學海為舊刻且宋史藝文志亦作宋子安疑讀書志朱字乃傳寫之訛也其書蓋補丁謂蔡襄兩家茶録之所遺東溪亦建安地名凡分八目曰總叙焙名曰北苑曰壑源曰佛嶺曰沙溪曰茶名曰採茶曰茶病大要以品茶宜辨所產之地或相去咫尺而優劣頓殊故録中於

諸焙道里遠近最為詳盡宋史藝文志有呂
惠卿建安茶用記二卷章炳文壑源茶録一
卷劉異北苑拾遺一卷今俱失傳所可考見
建茶崖畧者惟此與熊蕃二録爾乾隆四十
九年閏三月恭校上
總纂官臣紀昀臣陸錫熊臣孫士毅
總校官臣陸費墀

欽定四庫全書

宣和北苑貢茶録

宋 熊蕃 撰

陸羽茶經裴汶茶述皆不第建品説者但謂二子未嘗至闔而不知物之發也固自有時蓋昔者山川尚閟靈芽未露至於唐末然後北苑出為之㝡是時偽蜀詞臣毛文錫作茶譜亦第言建有紫筍而臘面乃產於福五代之季建屬南唐（南唐保大三年俘王延政而得其地）歲率諸縣民採茶北苑初造研膏繼造臘面（丁晉公茶録載泉南老僧清錫年八十四嘗示以所得李

國主書寄研膏茶隔兩歳方得臘面此其實也至景祐中監察御史丘荷撰御泉亭記乃云唐季勑福建罷貢橄欖但贄臘面茶即臘面産於建安明矣荷不知臘面之號始於福其後建安始為之按唐地理志福州貢茶及橄欖建州惟貢練練未嘗貢茶前所謂罷供橄欖惟贄臘面茶皆為福也慶歴初林世程作閩中記言福茶所産在閩縣十里且言往時建茶未盛本土有之今則土人皆食建茶世程之説蓋得其實而晉公所記臘面起於南唐乃建茶也既又製其佳者號曰京鋌其狀如貢神金白金之鋌聖朝

開寶末下南唐太平興國初特置龍鳳模遣使即北苑造團茶以別庶飲龍鳳茶蓋始於此按宋史食貨志載建寧臘茶北苑為第一其家佳者曰社前次曰火前又曰雨前所以供玉食備賜予太平興國始製大觀以後製愈精數愈多胯

式屢變而品不一歲貢片茶二十一萬六千斤又建安志太平興國二年始置龍焙造龍鳳茶漕臣柯適為之記云又一種茶叢生石崖枝葉尤茂至道初有詔造之別號石乳又一種號的乳按馬令南唐書嗣主李璟命建州茶製的乳茶號曰京鋌臘茶之貢自此始罷貢陽羨茶又一種號白乳蓋自龍鳳與石的白四種繼出而臘面降為下矣楊文公億談苑所記龍茶以供乘輿及賜執政親王長主其餘皇族學士將帥皆得鳳茶舍人近臣賜金鋌的乳而白乳賜館閣惟臘面不在賜品按建安志載談苑云京鋌的乳賜舍人近臣白乳的乳賜館閣疑京鋌誤金鋌白乳下遺的乳蓋龍鳳等茶皆太宗朝所製至咸平初丁晉公漕閩始載之於茶録人多言龍

鳳團起於晉公故張氏畫墁録云晉公漕閩始創為龍鳳團此說得於傳聞非其實也慶歷中蔡君謨將漕創造小龍團以進吿仍歲貢之君謨北苑造茶詩自序云其年改造上品龍茶二十八片纔一斤尤極精妙被旨仍歲貢之歐陽文忠公歸田録云茶之品莫貴於龍鳳謂之小團凡二十八片重一斤其價直金二兩然金可有而茶不可得嘗南郊致齋兩府共賜一餅四人分之宮人往往縷金花其上蓋貴重如此自小團出而龍鳳遂為次矣元豐間有旨造密雲龍其品又加於小團之上昔人詩云小璧雲龍不入香元豐龍焙承詔作蓋謂此也按此詩乃山谷和楊王休點密雲龍詩紹聖間改為瑞雲翔龍至大觀初今上親製茶論二十篇以白茶與常茶不

同偶然生出非人力可致於是白茶遂為第一（慶曆初吴興劉异為北苑拾遺云官園中有白茶五六株而壅培不甚至茶户惟有王免者家一巨株向春常造浮屋以障風日其後有宋子安者作東溪試茶録亦言白茶民間大重出於近歲芽葉如紙建人以為茶瑞則知白茶可貴自慶曆始至大觀而盛也）既又製三色細芽及試新銙（大觀二年造御苑玉芽萬壽龍芽又造無比壽芽及試新銙按宋史食貨志銙作胯）貢新銙（政和三年造貢新銙入新貢皆創為此獻在歲額之外）自三色細芽出而瑞雲翔龍顧居下矣凡茶芽數品最上曰小芽如雀舌鷹爪以其勁直纖鋭故號芽茶次曰中茶乃一芽帶一葉者號一鎗一旗次曰

紫芽其一芽帶兩葉者號一鎗兩旗其帶三葉四葉皆漸老矣芽茶早春極少景徳中建守周絳為補茶經言芽茶只作早茶馳奉萬乘嘗之可矣如一鎗一旗可謂奇茶也故一鎗一旗號揀芽㝡為挺特先正舒王送人官閩中詩云新茗齋中試一旗謂揀芽也或者乃謂茶芽未展為鎗已展為旗指舒王此詩為誤蓋不知有所謂揀芽也今上聖製茶論曰一旗一鎗為揀芽又見王岐公珪詩云北苑和香品㝡新緑芽未雨帶旗新故相韓康公絳詩云一鎗已笑將成葉百草皆羞未敢花此皆詠揀芽與舒王之意同　夫揀芽

老屋頹垣洛城裏綠樹團陰照窗几
亦散帙有餘清渾是先生睡初起村孺
火煖蒼烟凝碧雲浮鼎香風生白頭老
嫗不解事詩聞鄰家蒼蠅聲紫扇日直
為誰滿胃愧隣僧頻送米長鬚裹頭於
出門去為韓公置雙鯉松年圖此寧無
情似覺六槐通仙靈何當更畫月初小
竹天涕泗行中庭絕憐斗李方傾軋獨

盧仝烹茶圖（局部）

南宋劉松年畫，手卷，設色絹本，縱 24.1 厘米，橫 120.6 厘米，現藏北京故宮博物院。

劉松年（約一一五五—一二一八），南宋孝宗、光宗、甯宗三朝宮廷畫家。宧居於錢塘清波門外，時人呼為『劉清波』或『暗門劉』。工山水人物，山水皴法受李唐影響，筆墨嚴謹，色澤研秀，是標準的南宋『院體』代表畫家之一。

唐代詩人盧仝，自號玉川子，隱逸於世，人尊『茶仙』。宋以來，以盧仝為題材創作的繪畫作品，以此幅《盧仝烹茶圖》最為知名。畫中古松老槐，幽篁茅屋，盧仝擁書而坐，奴僕烹茶汲泉，一派靜謐淡泊的高古意趣。

猶貴如此而況芽茶以供天子之新嘗者乎芽茶絶矣至於水芽則曠古未之聞也宣和庚子歲漕臣鄭公可簡按簡字別本作鄭可聞始創為緑線水芽蓋將已揀熟芽再剔去祇取其心一縷用珍器貯清泉漬之光明瑩潔若銀線然其制方寸新銙有小龍蜿蜒其上號龍團勝雪按建安志云此茶蓋於白合中取一嫩條如絲髮大者用御泉水研造成分試其色如乳其味腴而美又園字別本或改作團今仍從原本而附識於此又廢白的石三乳鼎造花銙二十餘色初貢茶皆入龍腦蔡君謨茶録云茶有真香而入貢者微以龍腦和膏欲助其香至

是慮奪真味始不用焉蓋茶之妙至勝雪極矣故合為首冠然猶在白茶之次者以白茶上所好也異時郡人黄儒撰品茶要録極稱當時靈芽之富謂使陸羽數子見之必爽然自失蕃亦謂使黄君而閲今日則前乎此者未足詫焉然培初興貢數殊少太平興國初纔貢五十斤累增至於元符以斤計者一萬八千視初已加數倍而猶未盛今則為四萬七千一百斤有奇矣此數皆見范逵所著龍焙美成茶録逵茶官也自白茶勝雪以次厥名實繁今列於左使好事者得

以觀焉

貢新銙大觀二年造　試新銙政和三年造　白茶政和三年造　龍園勝雪宣和二年造　御苑玉芽大觀二年造　萬壽龍芽大觀二年造　上林第一宣和二年造　乙夜供清宣和二年造　承平雅玩宣和二年造　龍鳳英華宣和二年造　玉除清賞宣和二年造　啓沃承恩宣和二年造　雪英宣和三年造　雲葉宣和三年造　蜀葵宣和三年造　金錢宣和三年造　玉華宣和三年造　寸金宣和三年造　無比壽芽大觀四年造　萬春銀葉宣和二年造　宜年寶玉宣和二年造　玉清慶雲宣和二年造　無疆壽龍宣和二年造　玉葉

長春宣和四年造 瑞雲翔龍紹聖二年造 長壽玉圭政和二年造 興國巖銙 香口焙銙 上品揀芽紹聖二年造 新收揀芽 太平嘉瑞政和二年造 龍苑報春宣和四年造 南山應瑞宣和四年造 興國巖揀芽 興國巖小龍 興國巖小鳳已上號細色 揀芽 小龍 小鳳 大龍 大鳳已上號麤色 又有瓊林毓粹浴雪呈祥壑源拱秀貢篚推先價倍南金暘谷先春壽巖都勝延平石乳清白可鑒風韻甚高凡十色皆宣和二年所製越五歲省去 右歲分十餘綱惟白茶與

勝雪自驚蟄前興役浹日乃成飛騎疾馳不出中春已至京師號爲頭綱玉芽以下即先後以次發逮貢足時夏過半矣歐陽文忠公詩曰建安三千五百里京師三月甞新茶蓋異時如此以今較昔又爲最早因念草木之微有瓌奇卓異亦必逢時而後出而况爲士者哉昔昌黎先生感二鳥之蒙採擢而自悼其不如今蕃於是茶也焉敢效昌黎之感賦姑務自警而堅其守以待時而已

貢新銙

竹圈

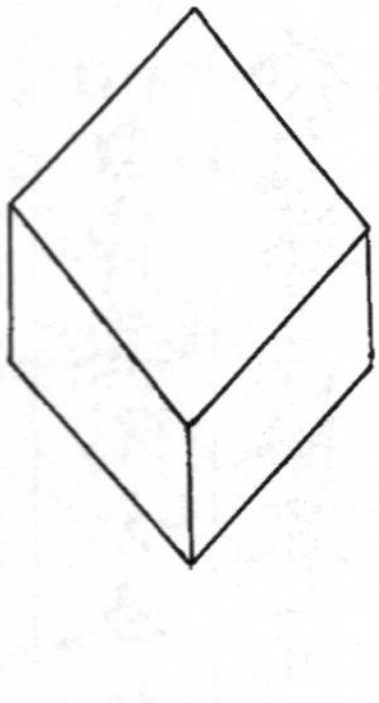

試新銙

竹圈

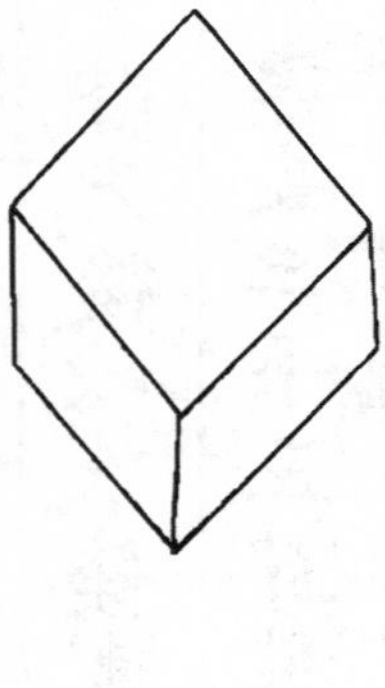

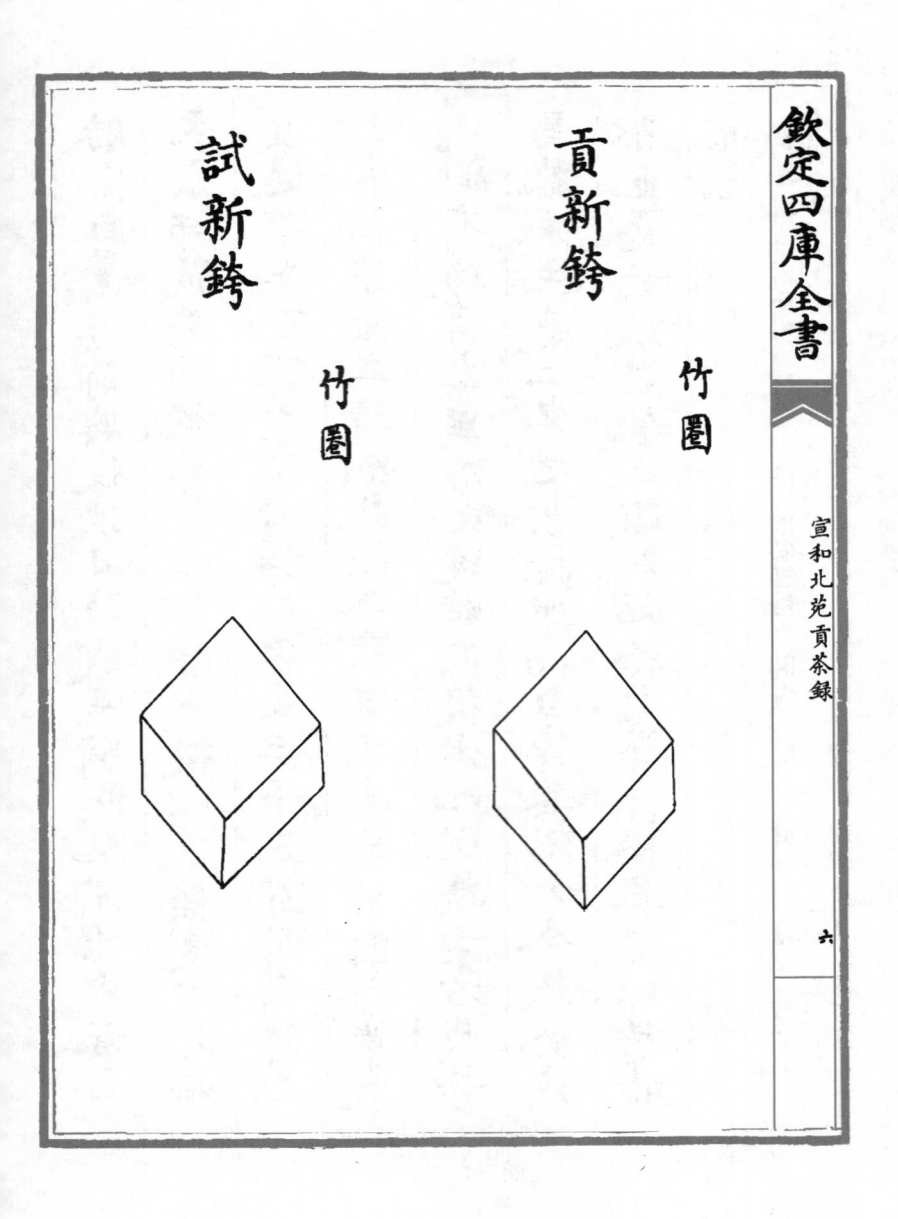

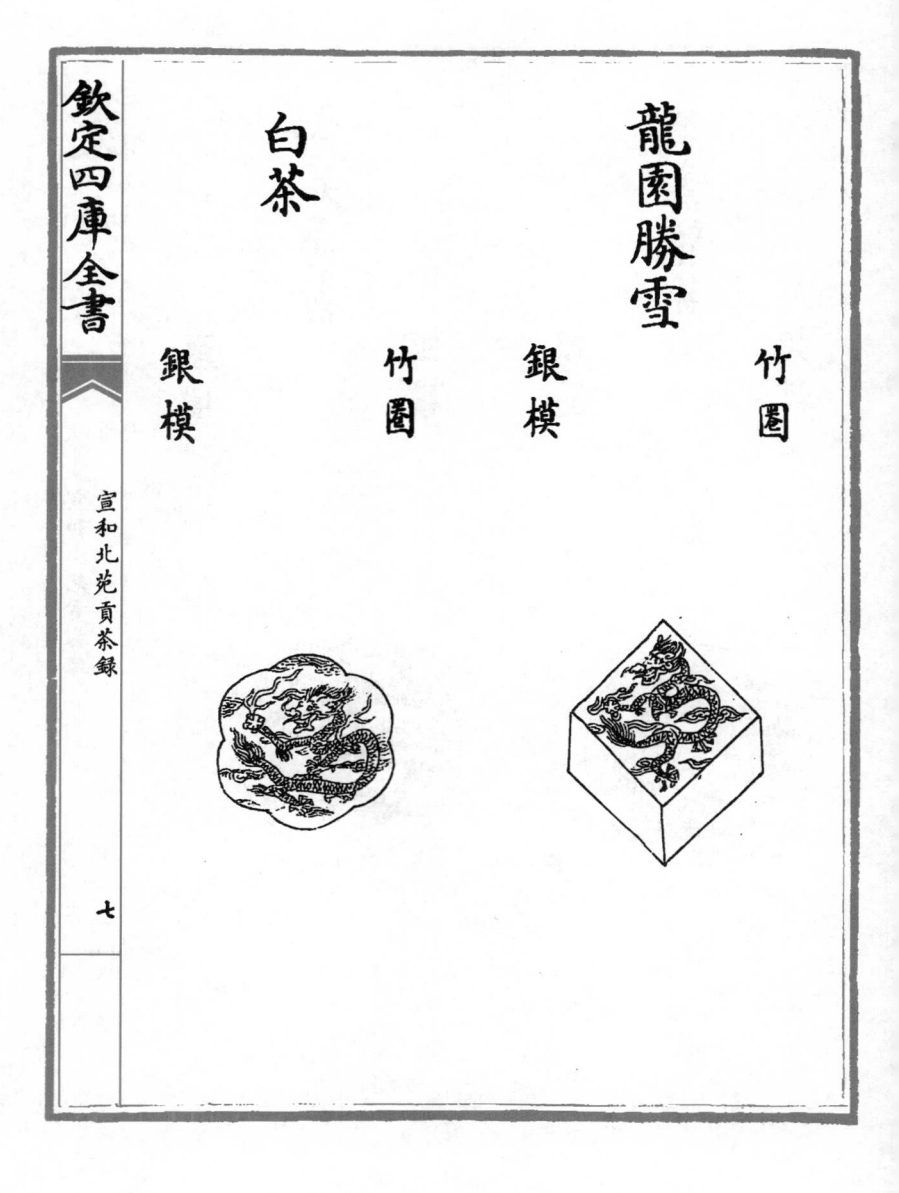

竹圈

龍園勝雪

銀模

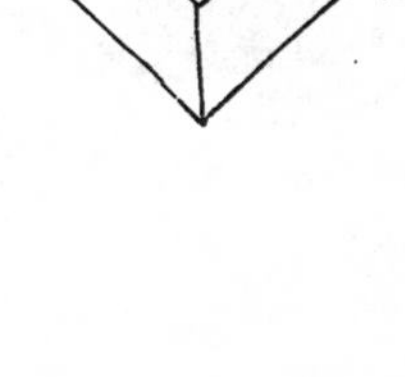

竹圈

白茶

銀模

銀圈

御苑玉芽

銀模

銀圈

萬壽龍芽

銀模

上林第一

按此條原本闕圈模

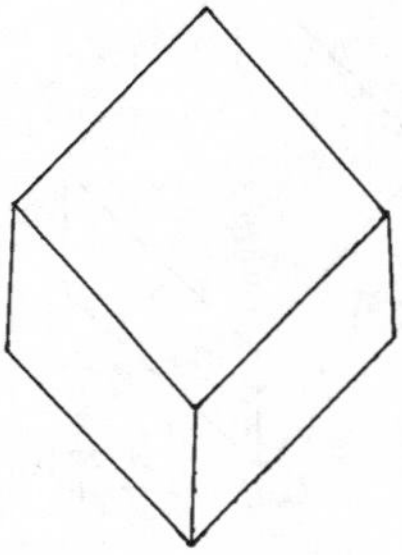

乙夜供清

竹圈

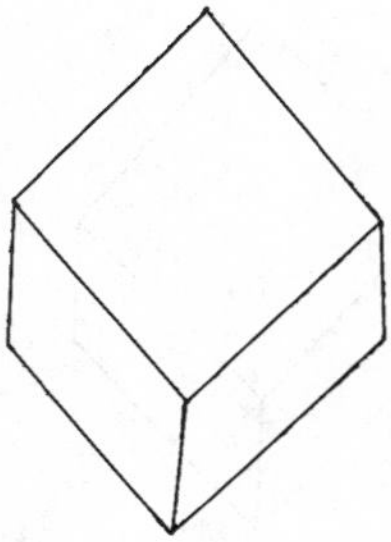

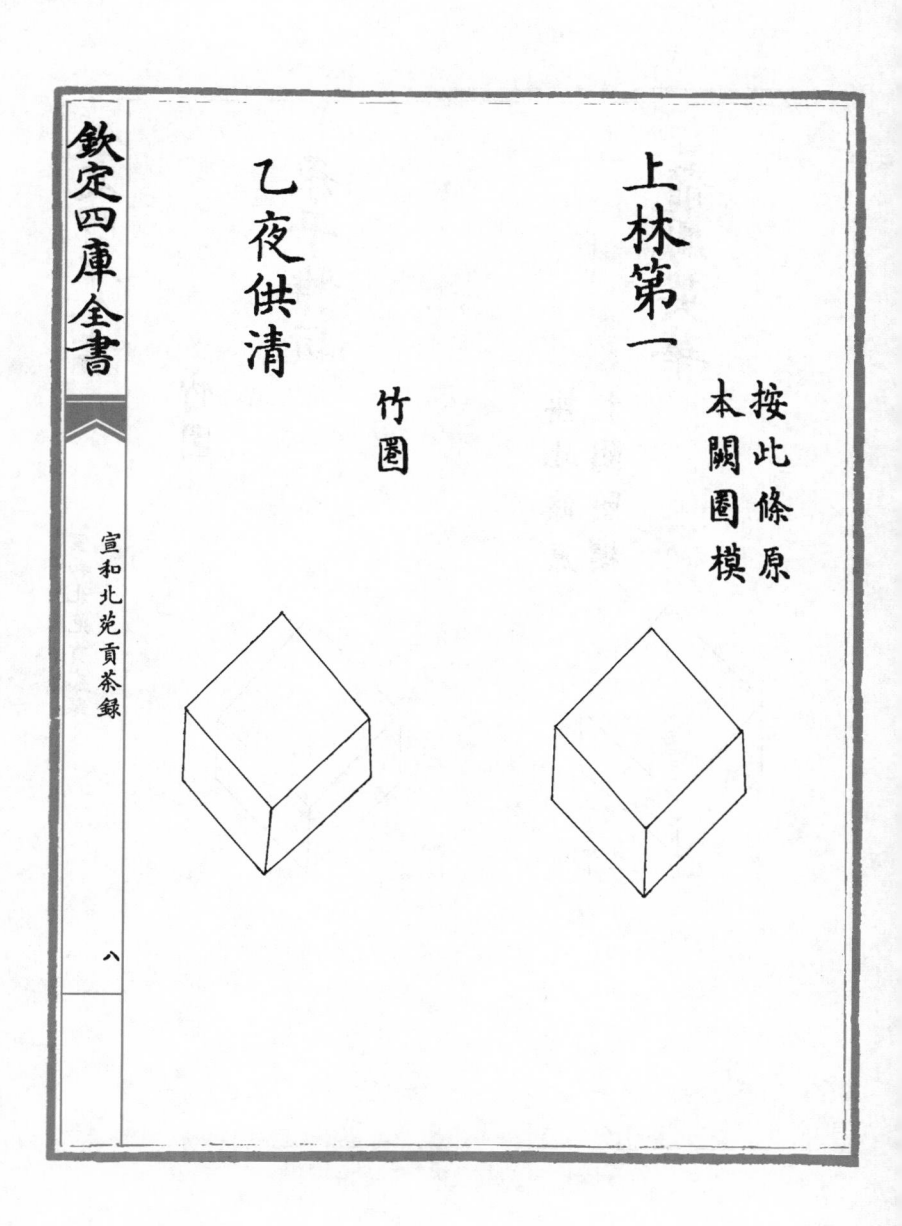

竹圈

承平雅玩

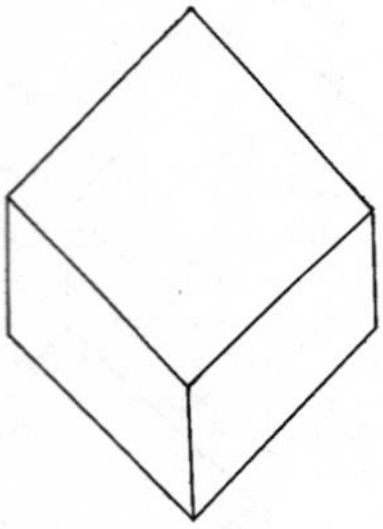

龍鳳英華

按此條原本闕圈模

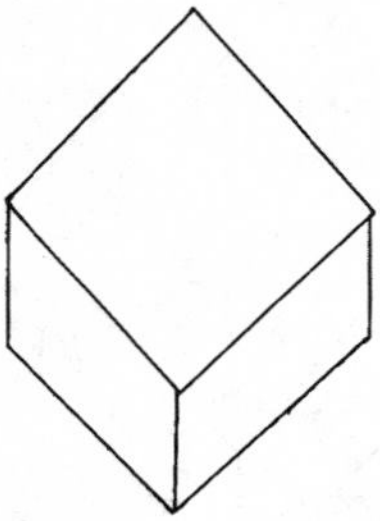

玉除清賞

按此條原本闕圈模

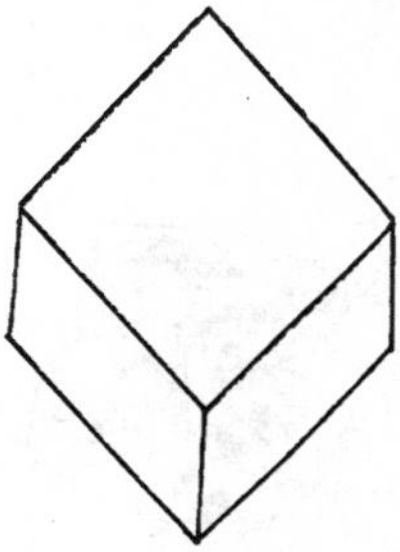

啓沃承恩

竹圈

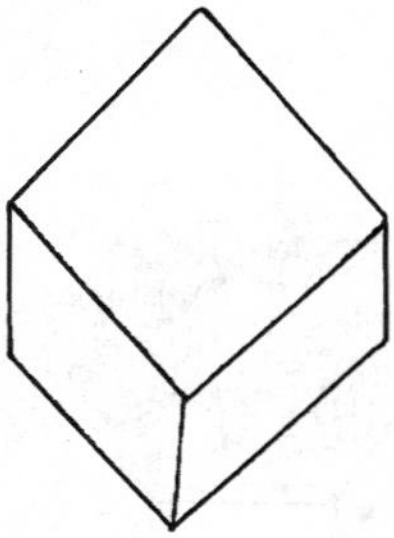

雪英

銀模

銀圈

雲葉

銀模

銀圈

蜀葵

銀模

銀圈

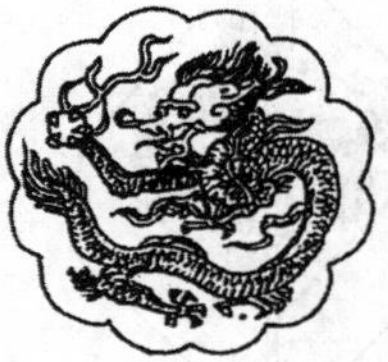

金錢

銀模

銀圈

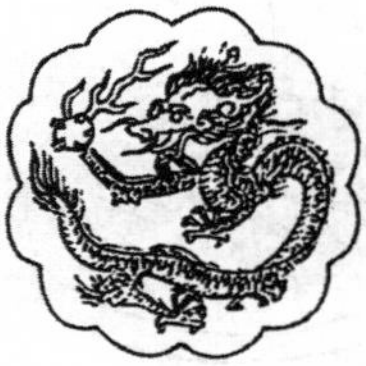

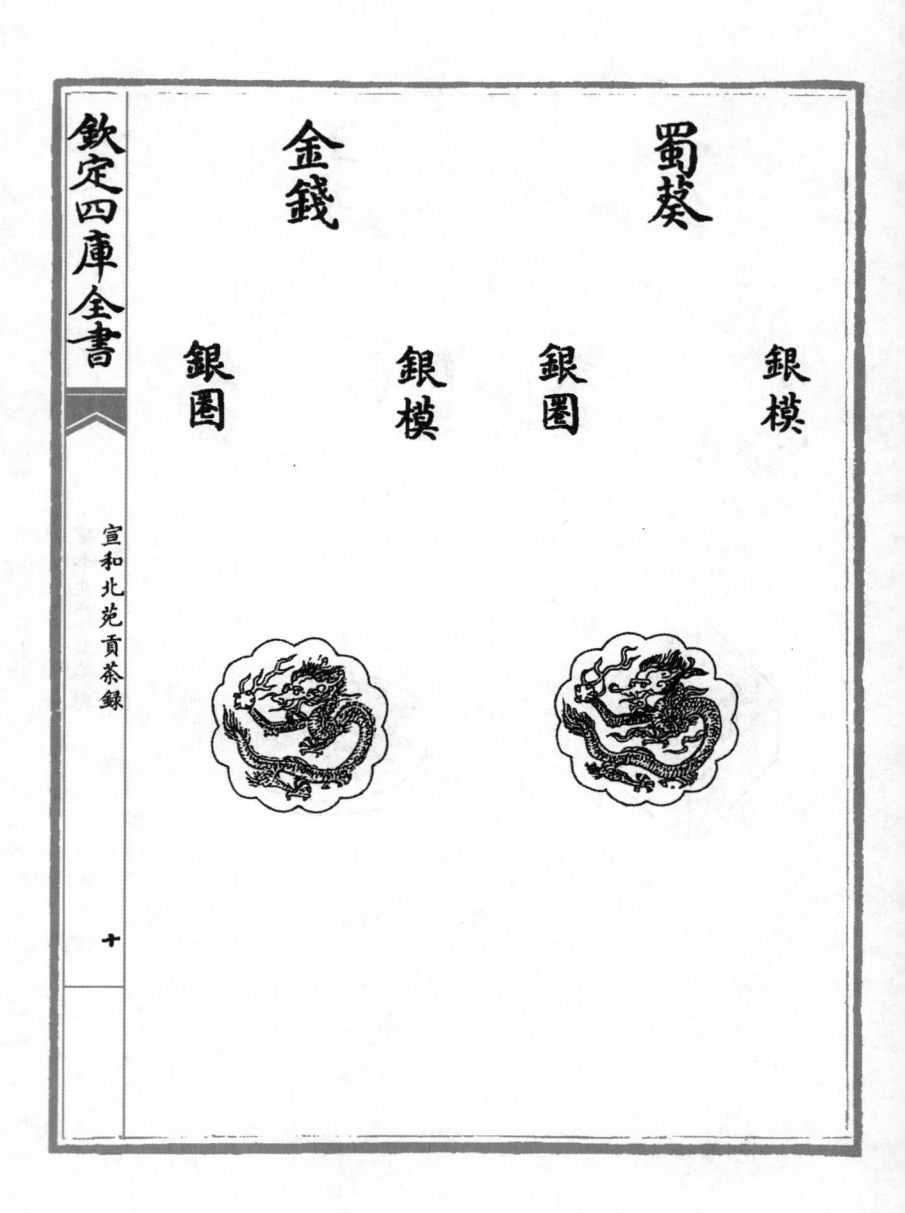

銀模

玉華

銀圈

銀模

寸金

竹圈

銀模

無比壽芽

竹圈

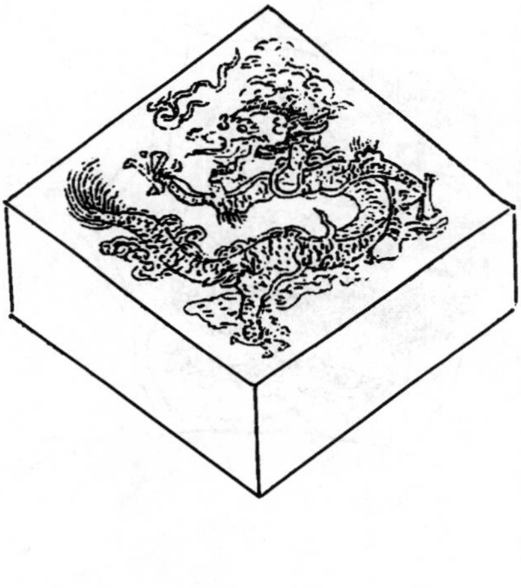

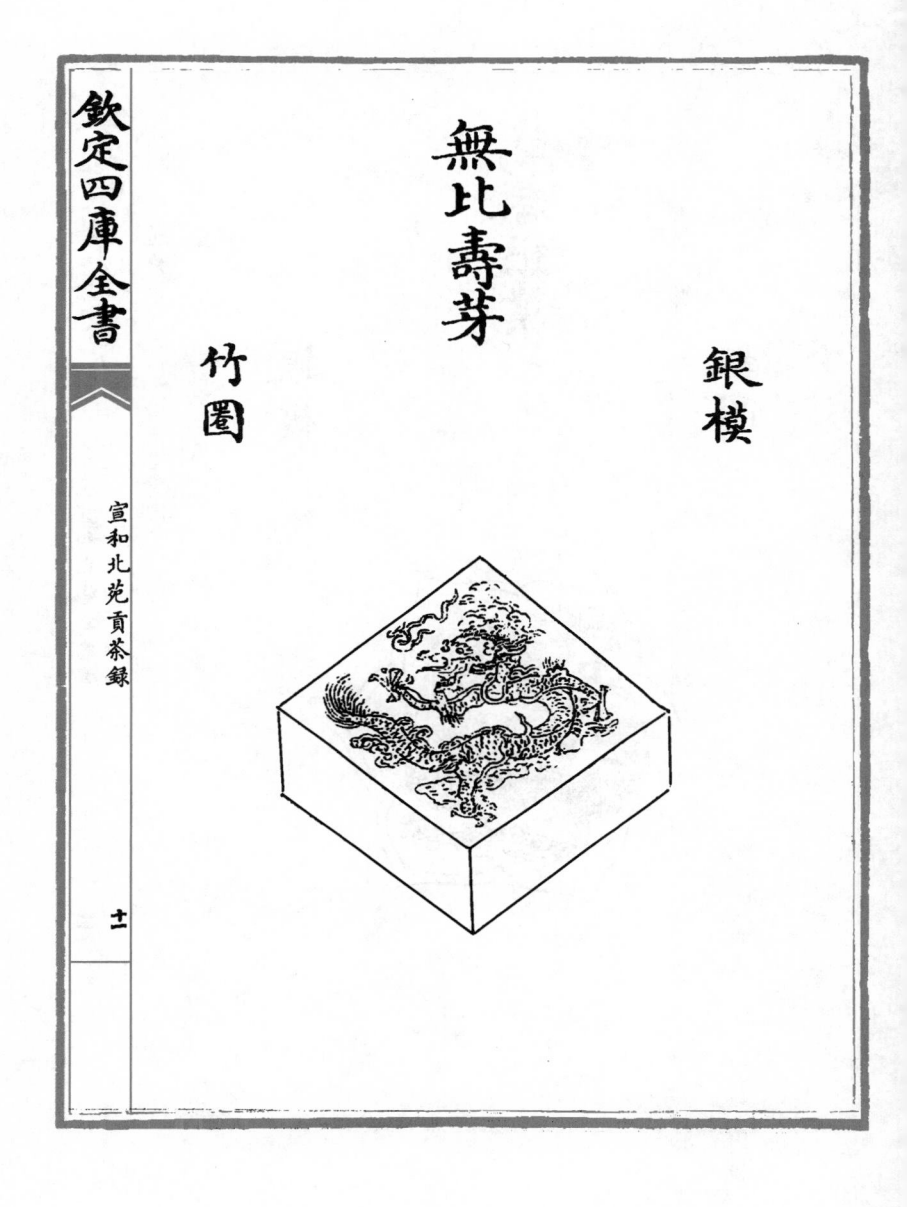

銀模

萬春銀葉

銀圈

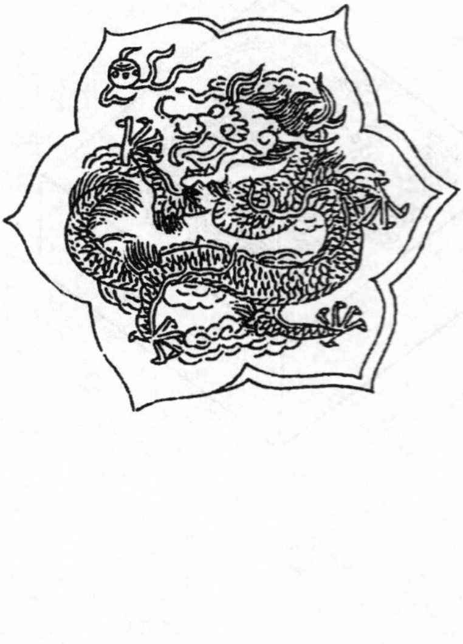

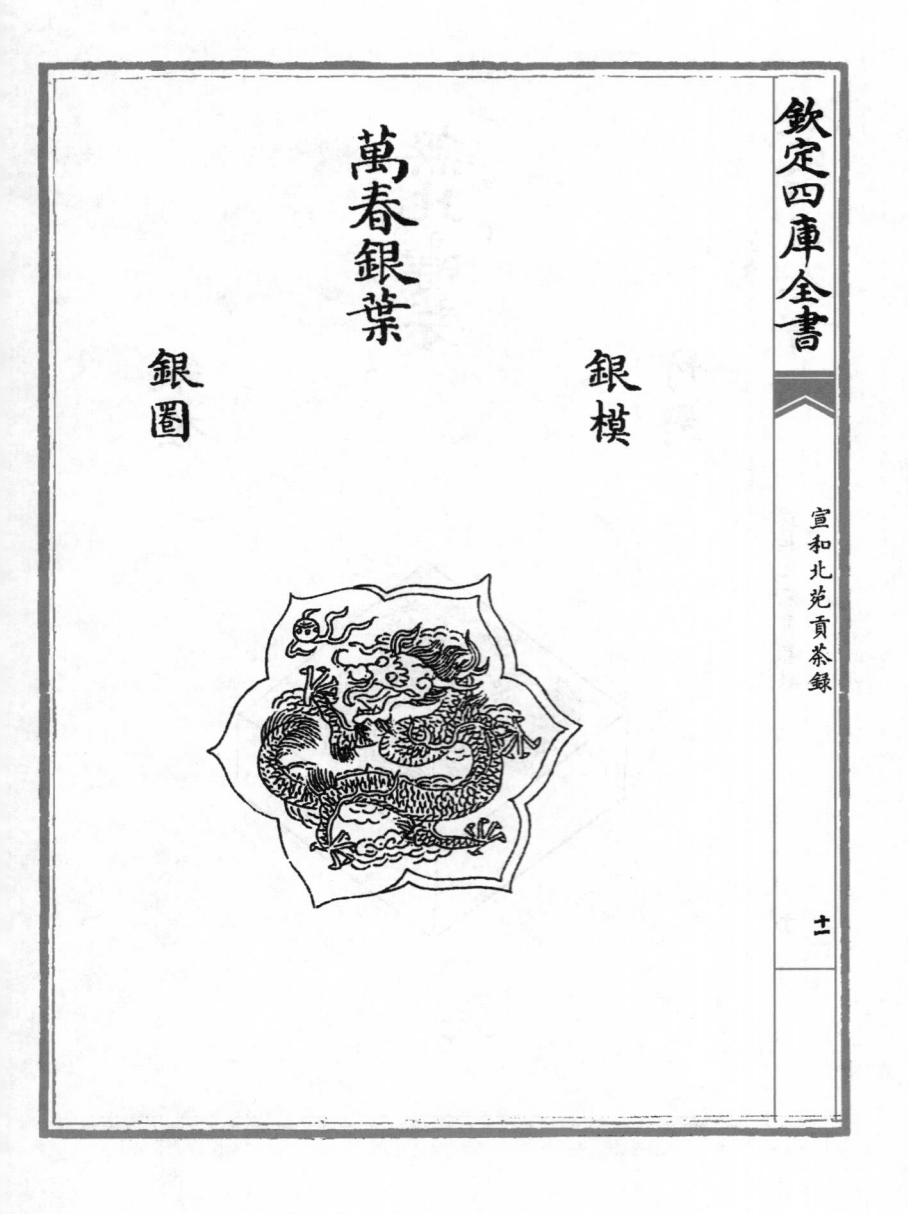

銀模

宜年寶玉

銀圈

銀模

玉清慶雲

銀圈

銀模

無疆壽龍

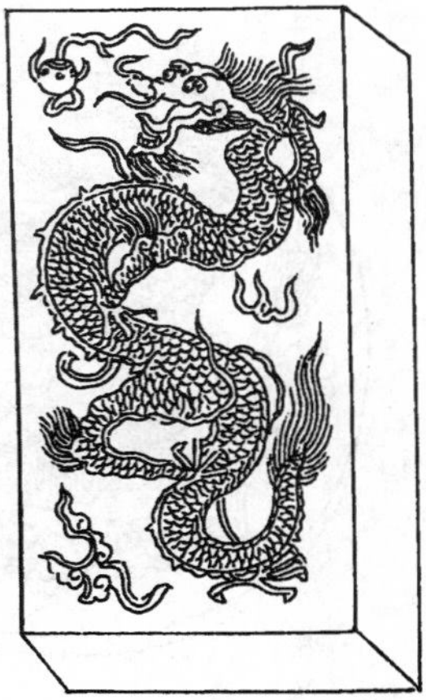

竹圈

竹圈

玉葉長春

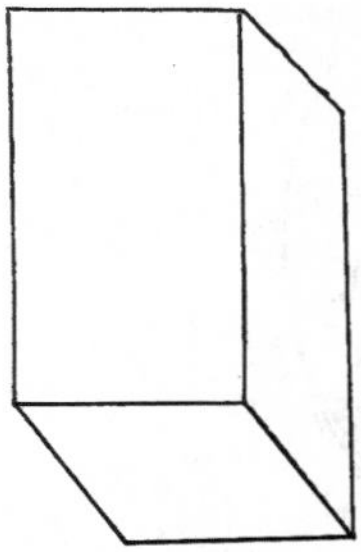

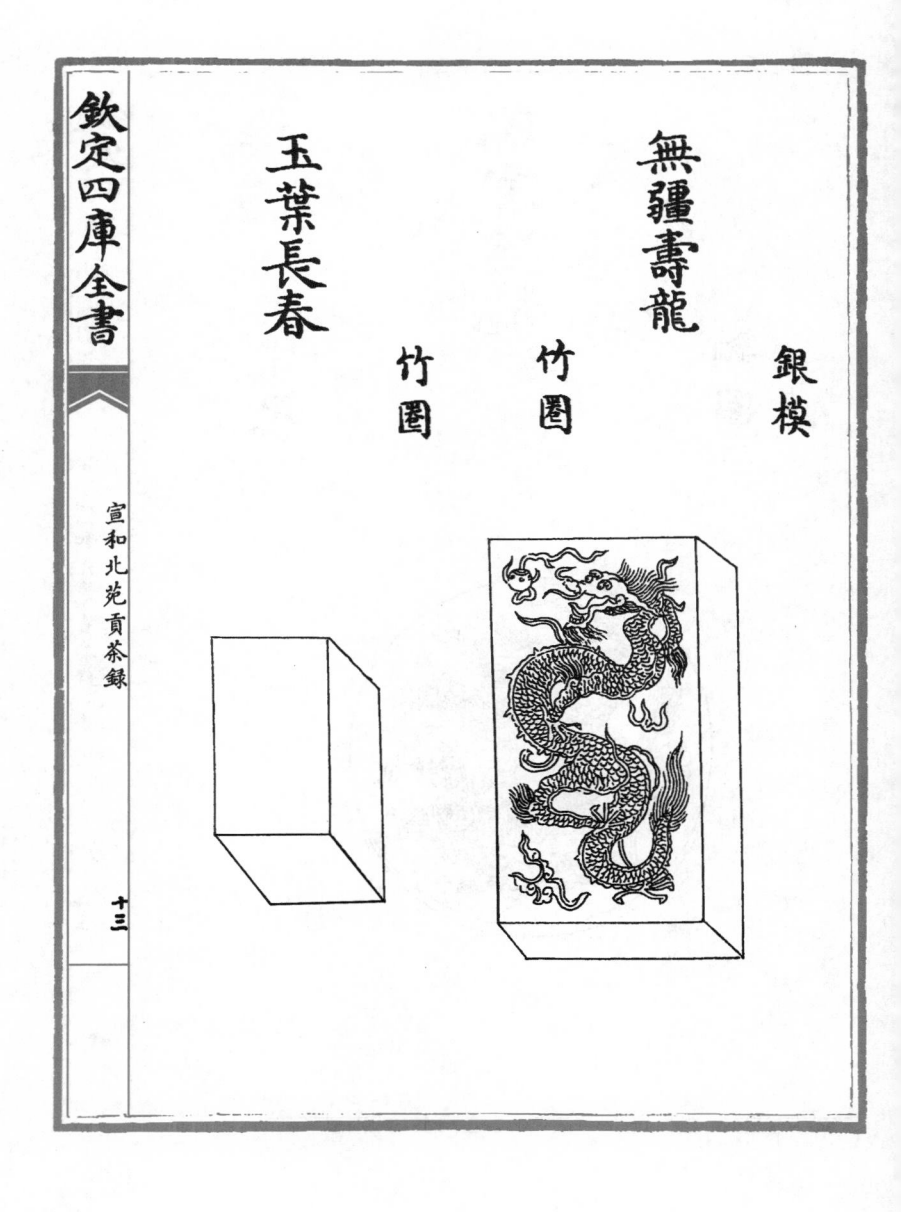

銀模

瑞雲翔龍

銅圈

銀模

長壽玉圭

銅圈

興國巖銙

竹圈

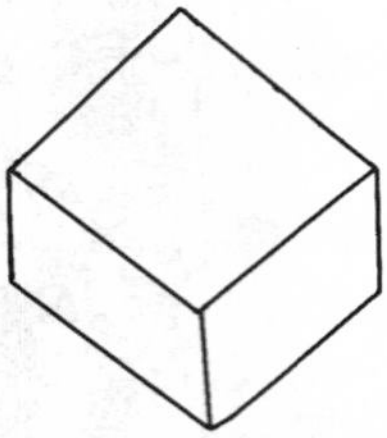

香口焙銙

竹圈

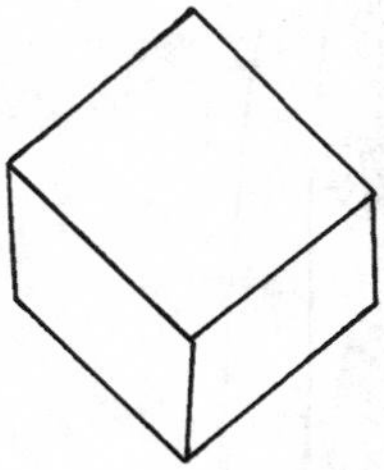

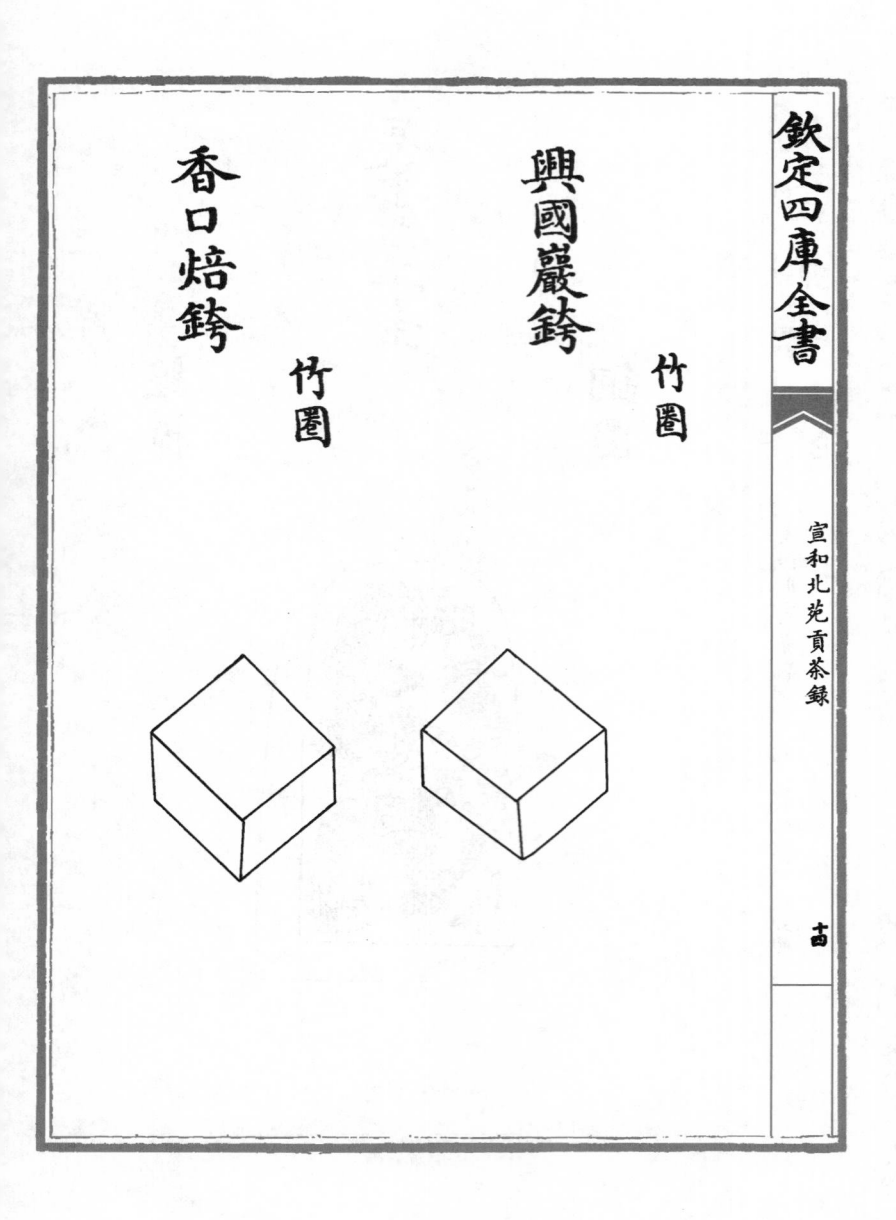

上品揀芽

銀模

銅圈

新牀揀芽

銀模

銅圈

銀模

太平嘉瑞

銅圈

龍苑報春

銀模

銅圈

南山應瑞

銀模

銀圈

銀圈

興國巖揀芽

銀模

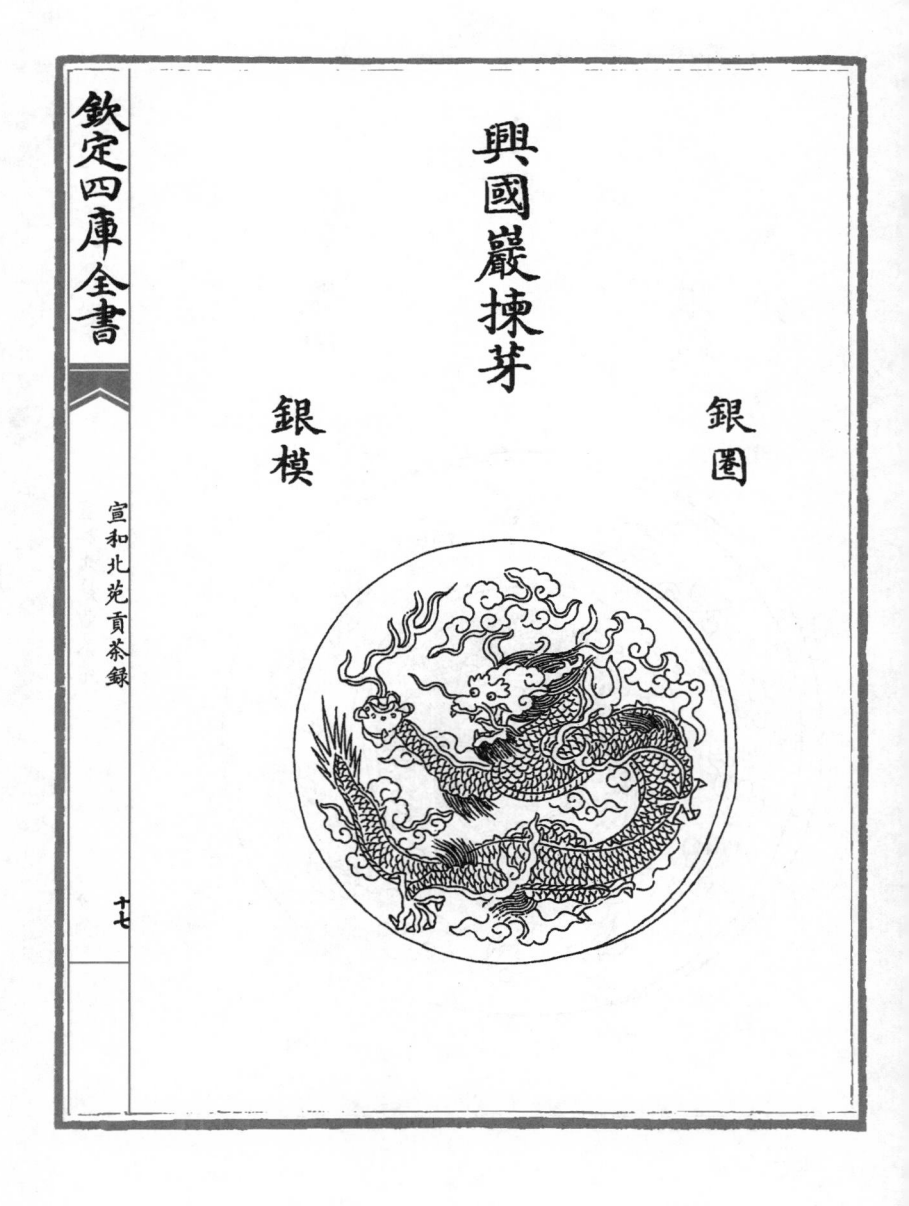

銀圈

小龍

銀模

大龍

銀模　銅圈

小鳳

銀模

銅圈

大鳳

銀模

銅圈

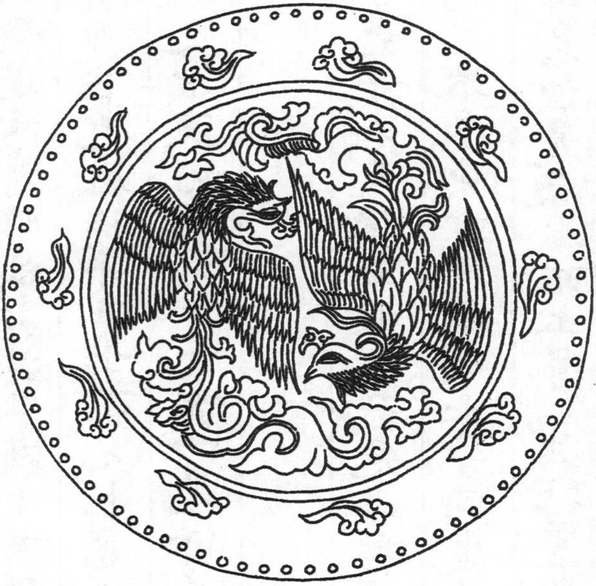

按建安志載銙式有方圓大小式無龍鳳則以竹為圈其製有龍鳳者始用銀銅為圈

御苑採茶歌十首并序

先朝曹司封脩睦自號退士嘗作御苑採茶歌十首傳在人口令龍園所制視昔尤盛惜乎退士不見也蕃謹撫故事亦賦十首獻之漕使仍用退士元韻以見仰慕前脩之意

雲腴貢使手親調旋放春天採玉條伐鼓危亭驚曉夢嘯呼齊上苑東橋　采采東方尚未明玉芽同護見心誠時歌一曲青山裏便是春風陌上聲　共抽靈草報

天恩貢令分明龍焙造茶依御廚法使指尊還卒日循雲塹繞山
靈亦守御園門　紛綸争徑蹂新苔回首龍園曉色開
一尉鳴鉦三令趣急持煙籠下山來采茶不許見日出　紅日
新升氣轉和翠籃相逐下層坡茶官正要靈芽潤不管
新來帶露多採新芽不折水　翠虬新範絳紗籠看罷春生玉
節風叶氣雲蒸千嶂緑歡聲雷震萬山紅　鳳山日日
滃非煙賸得三春雨露天棠坼淺紅酣一笑柳垂淡緑
困三眠紅雲島上多海棠兩堤官柳最盛　龍焙夕薰凝紫霧鳳池曉

濯帶蒼煙水芽只自宣和有一洗鎗旗二百年　修貢年年採萬株只今勝雪與初殊宣和殿裏春風好喜動天顔是玉腴　外臺慶歷有仙官龍鳳纔聞制小團按建安志慶歷間蔡公君謨爲漕使始改造小團龍茶此詩蓋指此爭得似金模寸璧春風第一薦宸餐

先人作茶録當貢茶極盛之時次序亦同惟躋龍園勝雪於白茶之上及無興國巖小龍小鳳葢建炎南渡有旨罷貢三之一而省去也按建安志載靖康初詔減歲貢三分之一紹興間復減大

龍及京鋌之半十六年又去京鋌改造大龍團至三十二年凡工用之費篚羞之式皆令漕臣嵩之且減其數雖府貢龍鳳茶亦附漕綱以進與此小異先人但著名號克今更寫其形製庶覽之者無遺恨焉先是壬子春漕司再葺茶政越十三載乃復舊額且用政和故事補種茶二萬株政和間曾種三萬株次年益虔貢職遂創增品目仍改京鋌為大龍團由是大龍多於大鳳之數凡此皆近事或者猶未知之也先人又嘗作貢茶歌十首讀之可想見異時之事故併取以附於末三月初吉男克北苑寓舍書

北苑貢茶最盛然前輩所録止於慶歷以上自元豐之密雲龍紹聖之瑞雲龍相繼挺出制精於舊而未有好事者記焉但見於詩人句中及大觀以來增創新銙亦猶用揀芽蓋水芽至宣和始有故龍園勝雪與白茶角立歲充首貢復自御苑玉芽以下厥名實繁先子親見時事悉能記之成編具存今閩中漕臺新刋茶録未備此書庶幾補其缺云淳熙九年冬十二月四日朝散郎行秘書郎兼國史編修官學士院權直熊克謹記

宣和北苑貢茶録考證

第一頁前六行　按臘面以色近取名應从虫作蠟今通部俱從月姑仍原文附識于此

第二頁前六行　案建安志所載與熊蕃所引有異今加案聲明

第二十頁後八行　案建安志與熊克所跋異今加案聲明

五·北苑別錄

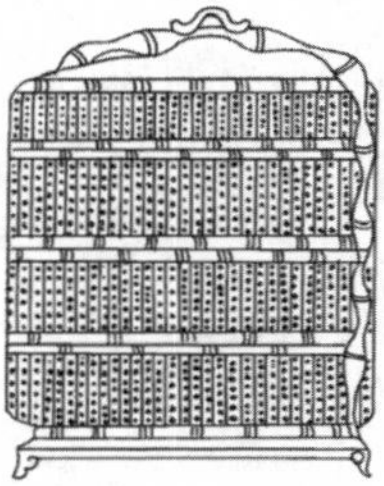

宋·趙汝礪

欽定四庫全書

北苑別録

宋　趙汝礪　撰

建安之東三千里有山曰鳳凰其下直北苑旁聯諸焙厥土赤壤厥茶惟上太平興國中御焙歲製龍鳳以羞貢篚益表珍異慶歷中漕臺益重其事品數日增制度日精厥今茶自北苑上者獨冠天下非人間所可得也方其春蟲震蟄千夫雷動一時之盛誠為偉觀故建人謂至建安而不詣北苑與不至者同僕因攝事遂得研

究其始末姑摭其大槩條為十餘類目之曰北苑別録云

御園

九窠十二隴按建安志茶隴註云九窠十二隴即山之凹凸處凹為窠凸為隴　麥窠按宋子安試茶録作麥園言其土壤沃並宜麰麥也與此作麥窠異　壤園　龍遊窠　小苦竹　苦竹裏　鷄藪窠按宋子安試茶録小苦竹園又西至大園絶尾疎竹蓊翳多飛雉故曰鷄藪窠　苦竹　苦竹源　鼯鼠窠按宋子安試茶録直西定山之隈土石迴向如窠然泉流積陰之處多飛鼠故曰鼯鼠窠　教煉壟　鳳凰山

大小焊　横坑　猿遊隴按宋子安試茶録鳳凰山東南至於袁雲隴又南至於張坑言昔有袁氏張氏居於此因名其地焉與此作猿遊隴異　張坑　帶園　焙東

中歷按宋子安試茶録作中歷坑　東際　西際　官平　上下

官坑　石碎窠　虎膝窠　樓隴　蕉窠　新園　夫

樓基按建安志作大樓基　阮坑　曽坑　黄際　馬鞍山　林

園　和尚園　黄淡窠　吴彦山　羅漢山　水桑窠

師姑園　銅場　靈滋　范馬園　高畲　大窠頭

小山　右四十六所廣袤三十餘里自官平而上為

內園官坑而下為外園方春靈芽莩坼常先民焙十餘日如九窠十二隴龍遊窠小苦竹張坑西際又為禁園之先也

開焙

驚蟄節萬物始萌每歳常以前三日開焙遇閏則反之以其氣候少遲故也按建安志候當驚蟄萬物始萌漕司常先三日開焙令羣夫喊山以助和氣遇閏則後二日

採茶

採茶之法須是侵晨不可見日侵晨則夜露未晞茶芽肥潤見日則為陽氣所薄使芽之膏腴内耗至受水而不鮮明故每日常以五更撾鼓集羣夫於鳳凰門（山有打鼓亭）監採官人給一牌入山至辰刻則復鳴鑼以聚之恐其踰時貪多務得也大抵採茶亦須習熟募夫之際必擇土著及諳曉之人非特識茶發早晚所在而於採摘亦知其指要蓋以指而不以甲則多温而易損以甲而不以指則速斷而不柔（從舊說也）故採夫欲其習熟政為是

耳採夫日役二百二十五人

揀茶

茶有小芽有中芽有紫芽有白合有烏蔕此不可不辨小芽者其小如鷹爪初造龍團勝雪白茶以其芽先次蒸熟置之水盆中剔取其精英僅如針小謂之水芽是芽中之最精者也中芽古謂一鎗一旗是也紫芽葉微紫者是也白合乃小芽有兩葉抱而生者是也烏蔕茶之蔕頭是也凡茶以水芽為上小芽次之中芽又次之

紫芽白合烏蔕皆在所取使其擇焉而精則茶之色味無不佳萬一雜之以所不取則首面不匀色濁而味重也

蒸茶

茶芽再四洗滌取令潔淨然後入甑俟湯沸蒸之然蒸有過熟之患有不熟之患過熟則色黄而味淡不熟則色青易沉而有草木之氣唯在得中之為當也

榨茶

茶既熟謂茶黄須淋洗數過欲其冷也方入小榨以去其水又入大榨出其膏水芽則以馬榨壓之以其芽嫩故也先是包以布帛束以竹皮然後入大榨壓之至中夜取出揉匀復如前入榨謂之翻榨徹曉奮擊必至於乾淨而後已蓋建茶味遠而力厚非江茶之比江茶畏流其膏建茶唯恐其膏之不盡膏不盡則色味重濁矣

研茶

研茶之具以柯為杵以瓦為盆分團酌水亦皆有數上

而勝雪白茶以十六水下而棟芽之水六小龍鳳四大龍鳳二其餘皆以十二焉自十二水以上日研一團自六水而下日研三團至七團每水研之必至於水乾茶熟而後已水不乾則茶不熟茶不熟則首面不匀煎試易沉故研夫尤貴於强有力者也嘗謂天下之理未有不相須而成者有北苑之茶而後有龍井之水龍井之水其深不計丈尺清而且甘晝夜酌之而不竭凡茶自北苑上者皆資焉亦猶錦之於蜀江膠之於阿井詎不

信然

造茶

造茶舊分四局匠者起好勝之心彼此相誇不能無弊遂併而為二焉故茶堂有東局西局之名茶銙有東作西作之號凡茶之初出研盆盪之欲其匀揉之欲其膩然後入圈製銙隨笪過黄有方銙有花銙有大龍有小龍品色不同其名亦異故隨綱繫之於貢茶云

過黄

茶之過黄初入烈火焙之次過沸湯爁之凡如是者三而後宿一火至翌日遂過煙焙焉然煙焙之火不欲烈烈則面炮而色黑又不欲煙煙則香盡而味焦但取其温温而已凡火數之多寡皆視其銙之厚薄銙之厚者有十火至於十五火銙之薄者亦八火至於六火火數既足然後過湯上出色出色之後當置之密室急以扇扇之則色自然光瑩矣

細茶第一綱

龍焙貢新水芽十二水十宿火正貢三十銙創添二十

銙按建安志云頭綱用社前三日進發或稍遲亦不過社後三日第二綱以後只候火數足發多不過十日

麤色雖于五白内製畢却候細綱貢絶以次

進發第一綱拜其餘不拜謂非享上之物也

細茶第二綱

龍焙試新水芽十二水十宿火正貢一百銙創添五十

銙按建安志云數有正貢有添貢有續添

正貢之外皆起于鄭可簡爲漕日增

細色第三綱

龍園勝雪按建安志云龍團勝雪用十六水十二宿火

白茶用十六水七宿火勝雪係驚蟄後採造

茶葉稍壯故耐火白茶無培壅之力茶葉如紙故火候止七宿水取其多則研夫力勝而色白至火力則但取其適然後不損真味

水芽十六水十二宿火正貢三十銙續添三十銙創添六十銙

白茶水芽十六水七宿火正貢三十銙續添十五銙創添八十銙

御苑玉芽 按建安志云自御苑玉芽下凡十四品係細色第三綱其製之也皆以十二水惟玉芽龍芽二色火候止八宿蓋二色茶日數比諸茶差早不敢多用火力

小芽十二水八宿火正貢一百片

萬壽龍芽小芽十二水八宿火正貢一百片

上林第一 按建安志云雪英以下六品火用七宿則是茶力既強不必火候太多自上林第一至啓沃承恩凡六品日子之製

同故量日力以用火力大抵欲其適當不論採摘日子之淺深而水皆十二研工多則茶色白故耳　小芽十二水十宿火正貢一百銙　乙夜供清小芽十二水十宿火正貢一百銙　承平雅玩小芽十二水十宿火正貢一百銙　龍鳳英華小芽十二水十宿火正貢一百銙　玉除清賞小芽十二水十宿火正貢一百銙　啓沃承恩小芽十二水十宿火正貢一百銙　雪英小芽十二水七宿火正貢一百片　雲葉小芽十二水七宿火正貢一百片　蜀葵小芽十二水七宿火正貢一

百片　金錢小芽十二水七宿火正貢一百片　玉葉小芽十二水七宿火正貢一百片　寸金小芽十二水九宿火正貢一百銙

細色第四綱

龍園勝雪已見前　正貢一百五十銙　無比壽芽小芽十二水十五宿火正貢五十銙創添五十銙　萬春銀葉小芽十二水十宿火正貢四十片創添六十片　宜年寶玉小芽十二水十二宿火正貢四十片創添六十片

玉清慶雲小芽十二水九宿火正貢四十片創添六

十片　無疆壽龍小芽十二水十五宿火正貢四十片

創添六十片　玉葉長春小芽十二水七宿火正貢一

百片　瑞雲翔龍小芽十二水九宿火正貢一百八片

長壽玉圭小芽十二水九宿火正貢二百片　興國

巖鎊（巖屬南劒州頃遭兵火廢今以北苑芽代之）中芽十二水十宿火正貢

二百七十鎊　香口焙鎊中芽十二水十宿火正貢五

百鎊　上品揀芽小芽十二水十宿火正貢一百片

新收揀芽中芽十二水十宿火正貢六百片

細色第五綱

太平嘉瑞小芽十二水九宿火正貢三百片　龍苑報春小芽十二水九宿火正貢六百片創添六十片　南山應瑞小芽十二水十五宿火正貢六十銙創添六十銙　興國巖揀芽中芽十二水十宿火正貢五百一十片　興國巖小龍中芽十二水十五宿火正貢七百五十片　興國巖小鳳中芽十二水十五宿火正貢五十

片

先春兩色

太平嘉瑞已見前 正貢二百片 長壽玉圭已見前 正貢一百片

續入額四色

御苑玉芽已見前 正貢一百片 萬壽龍芽已見前 正貢一百片 無比壽芽已見前 正貢一百片 瑞雲翔龍已見前 正貢一百片

麤色第一綱

正貢　不入腦子上品揀芽小龍一千二百片按建安志云入腦茶水須差多研工勝則香味與茶相入不入腦茶水須差省以其色不必白但欲火候深則茶味出耳六水十宿火　入腦子小龍七百片四水十五宿火　增添　不入腦子上品揀芽小龍一千二百片　入腦子小龍七百片　建寧府附發小龍茶八百四十片

麤色第二綱

正貢　不入腦子上品揀芽小龍六百四十片　入腦

子小龍六百七十二片　入腦子小鳳一千三百四十
四片四水十五宿火　入腦子大龍七百二十片二水
十五宿火　入腦子大鳳七百二十片二水十五宿火
增添　不入腦子上品揀芽小龍一千二百片　入
腦子小龍七百片　建寧府附發小鳳茶一千二百片

麤色第三綱

正貢　不入腦子上品揀芽小龍六百四十片　入腦
子小龍六百四十四片　入腦子小鳳六百七十二片

入腦子大龍一千八片　入腦子大鳳一千八片
增添　不入腦子上品揀芽小龍一千二百片　入腦
子小龍七百片　建寧府附發大龍茶四百片大鳳茶
四百片

麤色第四綱

正貢　不入腦子上品揀芽小龍六百片　入腦子小
龍三百三十六片　入腦子小鳳三百三十六片　入
腦子大龍一千二百四十片　入腦子大鳳一千二百

四十片　建寧府附發大龍茶四百片大鳳茶四百片

麤色第五綱

正貢　入腦子大龍一千三百六十八片　入腦子大鳳一千三百六十八片　京鋌改造大龍一千六片

建寧府附發大龍茶八百片大鳳茶八百片

麤色第六綱

正貢　入腦子大龍一千三百六十片　入腦子大鳳一千三百六十片　京鋌改造大龍一千六百片　建

寧府附發京鋌改造大龍一千三百片

麤色第七綱

正貢 入腦子大龍一千二百四十片 入腦子大鳳一千二百四十片 京鋌改造大龍二千三百五十二片 建寧府附發大龍茶二百四十片大鳳茶二百四十片京鋌改造大龍四百八十片

細色五綱 按建安志云細色五綱凡四十三品形式各異其間貢新試新龍團勝雪白茶御苑玉芽此五品中水揀第一生揀次之

貢新為最止後開焙十日入貢龍園勝雪為最精而建人有直四萬錢之語夫茶之入貢圈以箬葉內以黄斗盛以花箱護以重篚按建安志載護以重篚下有扃以銀鑰疑此脱去花箱內外又有黄羅冪之可謂什襲之珍矣

麤色七綱按建安志云麤色七綱凡五品大小龍鳳并揀芽悉入腦和膏為團共四萬餅即雨前茶閩中地煖穀雨前茶已老而味重

揀芽以四十餅為角小龍鳳以二十餅為角大龍鳳以八餅為角圈以箬葉束以紅縷包以紅楮緘以蒨綾惟

揀芽俱以黃焉

開畬

草木至夏益盛故欲導生長之氣以滲雨露之澤每歲六月興工虛其本培其土滋蔓之草遏鬱之木悉用除之政所以導生長之氣而滲雨露之澤也此之謂開畬按建安志云開畬茶園惡草每遇夏日最烈時用衆鋤治殺去草根以糞茶根名曰開畬若私家開畬即夏半初秋各開工一次故私園最茂但地不及焙之勝耳惟桐木則留焉桐木之性與茶相宜而又茶至冬則畏寒桐木望秋而先落茶至夏

而畏日桐木至春而漸茂理亦然也

外焙

石門　乳吉　香口　右三焙常後北苑五七日興工

每日採茶蒸榨以過黄悉送北苑併造

舍人熊公博古洽聞嘗於經史之暇輯其先君所著北

苑貢茶録錢諸木以垂後漕使侍講王公得其書而悅

之將命摹勒以廣其傳汝礪白之公曰是書紀貢事之

源委與制作之更沿固要且備矣惟水數有贏縮火候

有淹亟綱次有後先品色有多寡亦不可以或闕公曰
然遂攈書肆所刋脩貢録曰幾水曰火幾宿曰某綱曰
某品若干云者條列之又以其所採擇製造諸說併麗
于編末目曰北苑别録俾開卷之頃盡知其詳亦不為
無補淳熈丙午孟夏望日門生從政郎福建路轉運司
主管帳司趙汝礪敬書

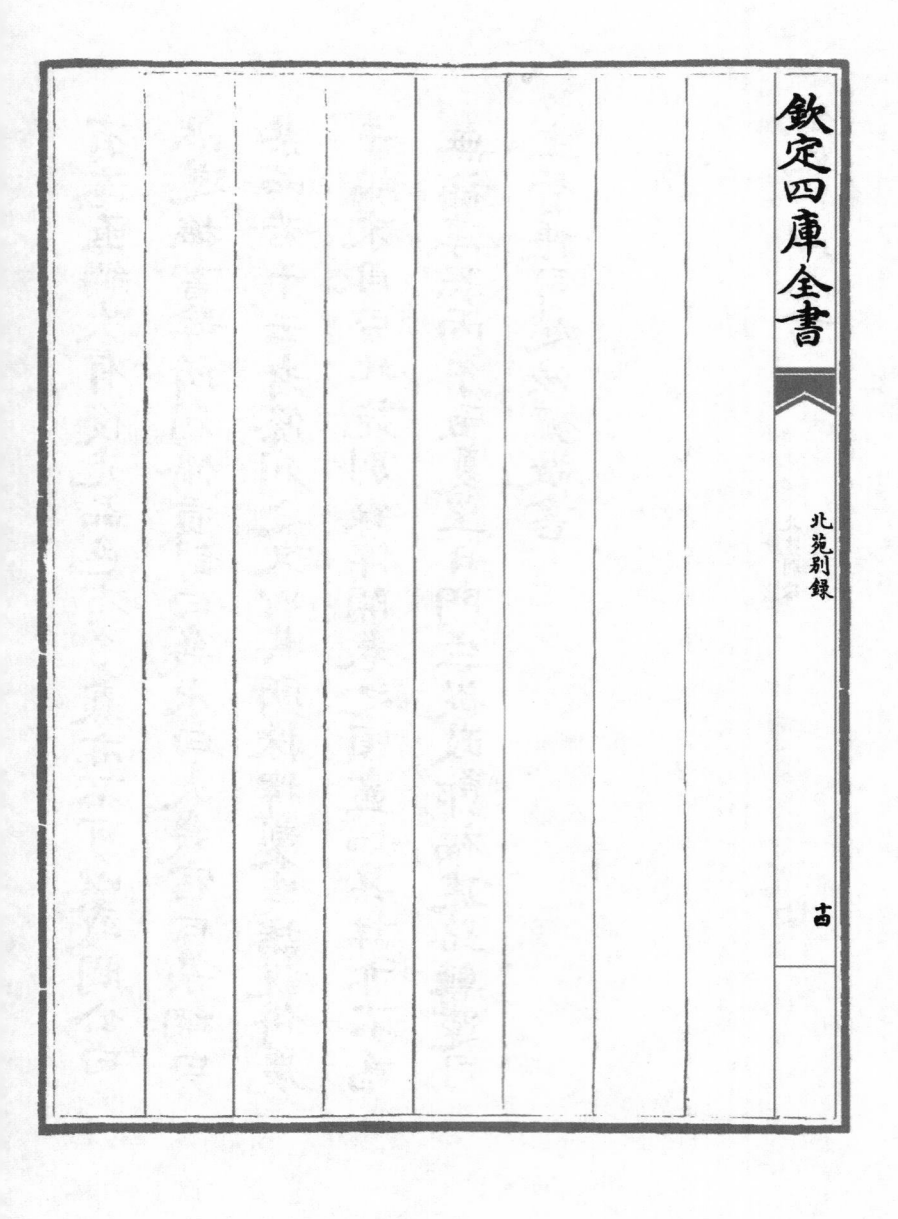

六·東溪試茶錄

宋·宋子安

欽定四庫全書

東溪試茶録

宋 宋子安 撰

隄首七閩山川特異峻極廻環勢絶如甌其陽多銀銅其陰孕鉛鐵厥土赤墳厥植惟茶會建而上羣峰益秀迎抱相向草木叢條水多黄金茶生其間氣味殊美豈非山川重複土地秀粹之氣鍾於是而物得以宜歟北苑西距建安之洄溪二十里而近東至東宫百里而遥

姬名有三十六東東宮其一也過洄溪二十宮則僅能成餅耳獨北苑連屬諸山者最勝北苑前枕溪流北涉數里茶皆氣弇然色濁味尤薄惡況其逺者乎亦猶橘過淮為枳也近蔡公作茶録亦云隔溪諸山雖及時加意製造色味皆重矣今北苑焙風氣亦殊先春朝隮常雨霽則霧露昏蒸晝午猶寒故茶宜之茶宜高山之陰而喜日陽之早自北苑鳳山南直苦竹園頭東南屬張坑頭皆高逺先陽處歲發常早芽極肥乳非民間所比次出壑源嶺高

土缺地茶味甲於諸焙丁謂亦云鳳山高不百丈無危峯絶崦而岡阜環抱氣勢柔秀宜乎嘉植靈卉之所發也又以建安茶品甲於天下疑山川至靈之卉天地始和之氣盡此茶矣又論石乳出壑嶺斷崖缺石之間盖草木之仙骨丁謂之記録建溪茶事詳備矣至於品載止云北苑壑源嶺及總記官私諸焙千三百三十六耳近蔡公亦云唯北苑鳳凰山連屬諸焙所產者味佳故四方以建茶為佳皆曰北苑建人以近山所得故謂之

壑源好者亦取壑源口南諸葉皆云彌珍絶傳致之間識者以色味品第反以壑源為疑今書所異者從二公紀土地勝絶之目具疏園隴百名之異香味精麤之别庶知茶於草木為靈最矣去畝步之間别移其性又以佛嶺葉源沙溪附見以質二焙之美故曰東溪試茶録自東宫西溪南焙北苑皆不足品第今略而不論

揔叙焙名

北苑諸焙或還民間或隸北苑前書未盡今始終其事

舊記建安郡官焙三十有八自南唐歲率六縣民採造

大為民間所苦我宋建隆已來環北苑近焙歲取上供
外焙俱還民間而裁税之至道年中始分游坑臨江汾
常西濛洲西小豐大熟六焙而南劒又免五縣茶民專
以建安一縣民力裁足之而除其口率泉慶歷中取蘇
口曾坑石坑重院還屬北苑焉又丁氏舊録云官私之
焙千三百三十有六而獨記官焙三十二東山之焙十
有四北苑龍焙一乳橋内焙二乳橋外焙三重院四壑
嶺五渭源六范源七蘇口八東宫九石坑十建溪十一

香口十二火梨十三開山十四南溪之焙十有二下瞿一濛洲東二汾東三南溪四斯源五小香六際會七謝坑八沙龍九南鄉十中瞿十一黄熟十二西溪之焙四慈善西一慈善東二慈惠三船坑四北山之焙二慈善東一豐樂二

北苑曾坑石坑附

建溪之焙三十有二北苑首其一而園别為二十五苦竹園頭甲之䕺鼠窠次之張坑頭又次之苦竹園頭連

屬窠坑在大山之北園植北山之陽大山多脩木叢林
鬱蔭相及自焙口達源頭五里地遠而益高以園多苦
竹故名曰苦竹以高遠居衆山之首故曰園頭直西定
山之隈土石廻向如窠然南挾泉流積陰之處而多飛
鼠故曰鼯鼠窠其下曰小苦竹園又西至于大園絶山
尾疎竹蓊翳昔多飛雉故曰雞藪窠又南出壤園麥園
言其土壤沃宜舞麥也自青山曲折而北嶺勢屬如貫
魚凡十有二又隈曲如窠巢者九其地別為九窠十二

隴隈深絶數里曰廟坑坑有山神祠焉又焙南直東嶺極高峻曰教練壠東入張坑南距苦竹帶北岡勢横直故曰坑坑又北出鳳凰山其勢中跱如鳳之首兩山相向如鳳之翼因取象焉鳳凰山東南至于袁雲壠又南至于張坑又南最高處曰張坑頭言昔有袁氏張氏居於此因名其地焉出袁雲之北平下故曰平園絶嶺之表曰西際其東爲東際焙東之山縈紆如帶故曰帶園其中曰中歴坑東又曰馬鞍山又東黄淡窠謂山多黄

淡也絶東為林園又南曰柢園又有蘇口焙與北苑不相屬昔有蘇氏居之其園别為四其最髙處曰曽坑際上又曰竹園又北曰官坑上園下坑園慶歴中始入北苑歲貢有曽坑上品一斤藂出於此曽坑山淺土薄苗發多紫復不肥乳氣味殊薄今歲貢以苦竹園茶充之而蔡公茶録亦不云曽坑者佳又石坑者涉溪東北距焙僅一舍諸焙絶下慶歴中分屬北苑園之别有十一曰大坑二曰石雞望三曰黄園四曰石坑古焙五曰重

院六曰彭坑七曰蓮湖八曰嚴歷九曰烏石高十曰高尾山多古木脩林今為本焙取材之所園焙歲久今廢不關二焙非産茶之所今附見之

壑源葉源附

建安郡東望北苑之南山叢然而秀高峙數百丈如郛郭焉民間所謂捍火山也其絶頂西南下視建之地邑民間謂之望州山山起壑源口而西周抱北苑之羣山迤邐南絶其尾巋然山阜高者為壑源頭言壑源嶺山自此首也大山南

北以限沙溪其東曰壑水之所出水出山之南東北合為建溪壑源口者在北苑之東北南徑數里有僧居曰承天有園隴北税官山其茶甘香特勝近焙受水則渾然色重粥面無澤道山之南又西至于章歷章歷西曰後坑西曰連焙南曰焙山又南曰新宅又西曰嶺根言北山之根也茶多植山之陽其土赤埴其茶香少而黄白嶺根有流泉清淺可涉涉泉而南山勢回曲東去如鉤故其地謂之壑嶺坑頭茶為勝絕處又東别為大窠

坑頭至大窠為正壑嶺寔為南山土皆黑埴茶生山陰厥味甘香厥色青白及受水則淳淳光澤民間謂之冷粥面視其面渙散如粟雖去社芽葉過老色益青明氣益鬱然其止則苦去而甘至民間謂之草木大而味大是也他焙芽葉遇老色益青濁氣益勃然甘至則味去而苦留為異矣大窠之東山勢平盡曰壑嶺尾茶生其間色黄而味多土氣絶大窠南山其陽曰林坑又西南也壑嶺根其西曰壑嶺頭道南山而東曰穿欄焙又東曰黄際其北曰李坑山

漸平下茶色黄而味短自壑嶺尾之東南溪流繚遶罔阜不相連附極南塢中曰長坑踰嶺為葉源又東為梁坑而盡于下湖葉源者土赤多石茶生其中色多黄青無粥面粟紋而頗明爽復性重喜沉為次也

佛嶺

佛嶺連接葉源下湖之東而在北苑之東南隔壑源溪水道自章阪東際為丘坑坑口西對壑源亦曰壑口其茶黄白而味短東南曰曽坑（今屬北苑）其正東曰後歷曽坑

之陽曰佛嶺又東至于張坑又東曰李坑又有硬頭後洋蘇池蘇源郭源南源畢源苦竹坑岐頭槎頭皆周環佛嶺之東南茶少甘而多苦色亦重濁又有簹源簹音膽未詳此字石門江源白沙皆在佛嶺之東北茶泛然縹塵色而不鮮明味短而香少為劣耳

沙溪

沙溪去北苑西十里山淺土薄茶生則葉細芽不肥乳自溪口諸焙色黄而土氣自龔漈南曰挺頭又西曰章

坑又南曰永安西南曰南坑漈其西曰砰溪又有周坑范源、温湯漈厄源黄坑石龜李坑章坑章村小梨皆屬沙溪茶大率氣味全薄甚輕而浮淳淳如土色製造亦殊壑源者不多留膏蓋以去膏盡則味少而無澤也茶之面無光澤也故多苦而少甘

茶名

茶之名有七一曰白葉茶民間大重出於近歲園焙時有之地不以山川遠近發不以社之先後芽葉如紙民

間以為茶瑞取其第一者為鬬茶而氣味殊薄非食茶之比今出壑源之大窠者六（葉仲元葉世萬葉世榮葉勇葉世積葉相）壑源巖下一（葉務滋）源頭二（葉團葉肱）壑源後坑（葉久）壑源嶺根三（葉公）（葉品葉居）林坑黄滐一（游容）丘坑一（游章）畢源一（王大照）佛嶺尾（游道生）沙溪之大梨滐上一（謝汀）高石巖一（雲擦院）大梨一（呂演）砰溪嶺根一（任道者）次有柑葉茶樹高丈餘徑頭七八寸葉厚而圓狀類柑橘之葉其芽發即肥乳長二寸許為食茶之上品三曰早茶亦類柑葉發常先春民間採

製為試焙者四曰細葉茶葉比柑葉細薄樹高者五六尺芽短而不乳今生沙溪山中蓋土薄而不茂也五曰穃茶葉細而厚密芽晚而青黄六曰晚茶蓋雞茶之類發比諸茶晚生於社後七曰叢茶亦曰蘖茶叢生高不數尺一歲之間發者數四貧民取以為利

採茶辨茶須知製造之始故次

建溪茶比他郡最先北苑壑源者尤早歲多暖則先驚蟄十日即芽歲多寒則後驚蟄五日始發先芽者氣味

俱不佳唯過驚蟄者最為第一民間常以驚蟄為候諸焙後北苑者半月去遠則益晚凡採茶必以晨興不以日出日出露晞為陽所薄則使芽之膏腴耗於内茶及受水而不鮮明故常以早為最凡斷芽必以甲不以指以甲則速斷不柔以指則多温易損擇之必精濯之必潔蒸之必香火之必良一失其度俱為茶病民間常以春陰為採茶得時日出而採則芽葉易損建人謂之採摘不鮮是也

茶病試茶辨味必須知茶之病故又次也

芽擇肥乳則甘香而粥面着盞而不散土瘠而芽短則雲脚渙亂去盞而易散葉梗半則受水鮮白葉梗短則色黄而泛梗謂芽之身除去白合處茶民以茶之色味俱在梗中烏蔕白合茶之大病不去烏蔕則色黄黑而惡不去白合則味苦澀丁謂之論備矣蒸芽必熟去膏必盡蒸芽未熟則草木氣存適口則知去膏未盡則色濁而味重受煙則香奪壓黄則味失此皆茶之病也受煙謂過黄時火中有煙使茶香盡而煙臭不去也壓去膏之時久留茶黄未造使黄經宿香味俱失弇然氣如假於外臭也

東溪試茶録

七・續茶經

清・陸廷燦

欽定四庫全書　　子部九

續茶經　　譜録類飲饌之屬

提要

臣等謹案續茶經三卷附録一卷

國朝陸廷燦撰廷燦字秩昭嘉定人官崇安縣

知縣候補主事自唐以來茶品推武夷武夷

山即在崇安境故廷燦官是縣時習知其説

刱為此藁歸田後訂緝成編冠以陸羽茶經

原本而從其原目採摭諸書以續之上卷續其一之源二之具三之造中卷續其四之器下卷自分三子卷下之上續其五之煮六之飲下之中續其七之事八之出下之下續其九之畧十之圖而以歷代茶法附為末卷則原目所無延燦補之也自唐以來閲數百載凡産茶之地製茶之法業已歷代不同即烹煮器具亦古今多異故陸羽所述其書雖古

而其法多不可行于今廷燦一一訂定補葺頗切實用其徵引亦頗繁富觀所作南村筆記引李日華紫桃軒又綴五臺凍泉一條自稱此書失載補録於彼則其捜葺亦可謂勤矣録而存之亦足以資考訂至于陸羽舊本廷燦雖用以弁首而其書久已别行未可以續補之書掩其原目故今刊去不載惟録廷燦之書焉乾隆四十九年八月恭校上

總纂官臣紀昀臣陸錫熊臣孫士毅

總校官臣陸費墀

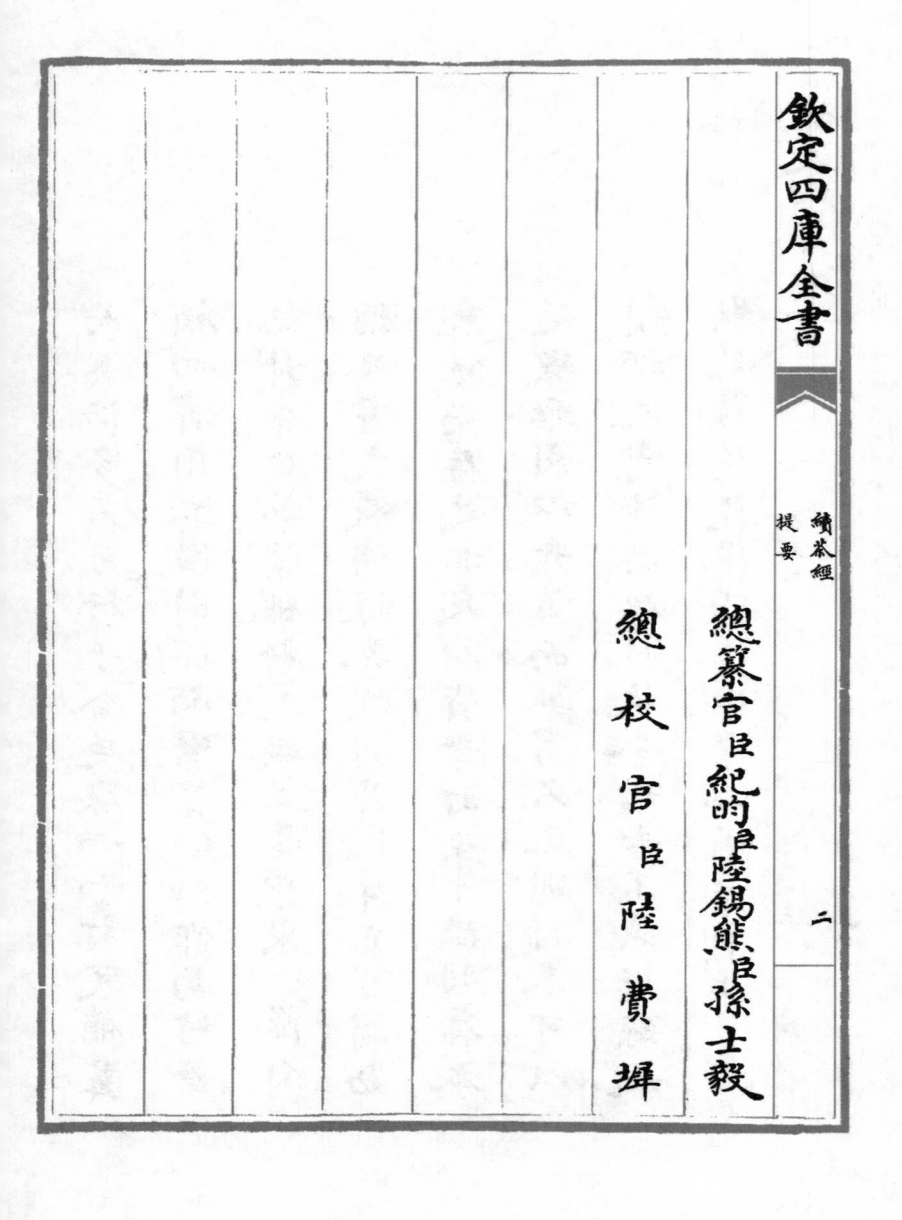

山中茅屋是誰家
兀坐閒吟到日斜
俗客不來山鳥散
呼童汲水煮新茶

陸羽烹茶圖（局部）

元趙原畫，水墨紙本，縱 27 厘米，橫 78 厘米，現藏臺北故宮博物院。

趙原，元末明初畫家。生卒年不詳。本名元，入明後因避朱元璋諱而改作原，字善長，號丹林。詩文書畫俱佳，擅山水，師法董源、王蒙，作品多作淺絳山水，筆墨圓勁秀逸。

圖繪遠山幽水環抱中，樹林茂密，茅舍樸實，唐代茶人陸羽靜坐堂屋，清高超脫，卻無烹茶場景，凸顯其安於清貧、精行簡德的高士風範。

續茶經卷上之一

侯補主事陸廷燦撰

一之源

許慎說文　茗荼芽也

王褒僮約　前云炰鼈烹茶後云陽武買茶注前為荼後為茗

張華博物志　飲真茶令人少眠

詩疏椒樹似茱萸蜀人作茶吳人作茗皆合煑其葉以

為香

唐書陸羽傳羽嗜茶著經三篇言茶之源之具之造之器之責之飲之事之出之略之圖尤備天下益知飲茶矣

唐六典　金英緑片皆茶名也

李太白集贈族姪僧中孚玉泉仙人掌茶序余聞荆州玉泉寺近青溪諸山山洞往往有乳窟窟多玉泉交流中有白蝙蝠大如鵶按仙經蝙蝠一名仙鼠千歲之後

體白如雪栖則倒懸蓋飲乳水而長生也其水邊處處有茗草羅生枝葉如碧玉維玉泉真公常採而飲之年八十餘歲顏色如桃花而此茗清香滑熟異於他茗所以能還童振枯扶人壽也余遊金陵見宗僧中孚示余茶數十片拳然重疊其狀如掌號為仙人掌茶蓋新出乎玉泉之山曠古未覩因持之見貽兼贈詩要余答之遂有此作俾後之高僧大隱知仙人掌茶發於中孚禪子及青蓮居士李白也

皮日休集茶中雜咏詩序自周以降及於國朝茶事竟陵子陸季疵言之詳矣然季疵以前稱名飲者必渾以烹之與夫瀹蔬而啜者無異也季疵之始為經三卷由是分其源制其具教其造設其器命其煑俾飲之者除痟而去癘雖疾醫之不若也其為利也於人豈小哉余始得季疵書以為備矣後又獲其顧渚山記二篇其中多茶事後又太原温從雲武威段碣之各補茶事十數節並存於方册茶之事由周而至於今竟無纖遺矣

封氏聞見記茶南人好飲之北人初不多飲開元中太山靈巖寺有降魔師大興禪教學禪務於不寐又不夕食皆許飲茶人自懷挾到處煮飲從此轉相倣傚遂成風俗起自鄒齊滄棣漸至京邑城市多開店舗煎茶賣之不問道俗投錢取飲其茶自江淮而來色額甚多

唐韻茶字自中唐始變作茶

裴汶茶述茶起於東晉盛於今朝其性精清其味浩潔其用滌煩其功致和參百品而不混越衆飲而獨高烹

之鼎水和以虎形人人服之永永不厭得之則安不得則病彼芝朮黄精徒云上藥致效在數十年後且多禁忌非此倫也或曰多飲令人體虛病風余曰不然夫物能去邪必能輔正安有蠲逐聚病而靡裨太和哉今宇内為土貢實衆而顧渚蘄陽蒙山為上其次則壽陽義興碧澗䴉湖衡山最下有鄱陽浮梁者今其精無以尚焉得其麄者則下里兆庶甌盌粉糅頃刻未得則謂甯病生矣人嗜之若此者西晉以前無聞焉至精之味或

遺也因作茶述

宋徽宗大觀茶論　茶之為物擅甌閩之秀氣鍾山川之靈禀祛襟滌滯致清導和則非庸人孺子可得而知矣沖澹閒潔韻高致静則非遑遽之時可得而好尚矣本朝之興歲修建溪之貢龍團鳳餅名冠天下而壑源之品亦自此而盛延及於今百廢具舉海内宴然垂拱密勿幸致無為搢紳之士韋布之流沐浴膏澤薰陶德化咸以雅尚相推從事茗飲故近歲以來采擇之精製作

之工品第之勝烹點之妙莫不盛造其極嗚呼至治之世豈惟人得以盡其材而草木之靈者亦得以盡其用偶因暇日研究精微所得之妙後人有不知為利害者叙本末二十篇號曰茶論　一曰地產二曰天時三曰採擇四曰蒸壓五曰製造六曰鑒别七曰白茶八曰羅碾九曰盞十曰筅十一曰瓶十二曰杓十三曰水十四曰點十五曰味十六曰香十七曰色十八曰藏焙十九曰品名二十曰外焙

名茶各以所産之地葉如耕之平園台星巖葉剛之高峯青鳳髓葉思純之大嵐葉嶼之屑山葉五崇林之羅漢上水桑芽葉堅之碎石窠石四窠一作六窠葉瓊葉輝之秀皮林葉師復師皃之虎巖葉椿之無又巖芽葉懋之老窠園各擅其美未甞混淆不可概舉焙人之茶固有前優後劣昔負今勝者是以園地之不常也

丁謂進茶新表右件物産異金沙石名非紫筍江邊地煖方呈彼茁之形闕下春寒已發其甘之味有以少為

貴者焉敢韞而藏諸見謂新茶實遵舊例

蔡襄進茶録表 臣前因奏事伏蒙陛下諭臣先任福建運使日所進上品龍茶最為精好臣退念草木之微首辱陛下知鑒若處之得地則能盡其材昔陸羽茶經不第建安之品丁謂茶圖獨論採造之本至烹煎之法曾未有聞臣輒條數事簡而易明勒成二篇名曰茶録伏惟清閒之宴或賜觀採臣不勝榮幸

歐陽修歸田録 茶之品莫貴於龍鳳謂之茶團凡八餅

重一觔慶歷中蔡君謨始造小片龍茶以進其品精絶謂之小團凡二十餅重一觔其價值金二兩然金可有而茶不可得每因南郊致齋中書樞密院各賜一餅四人分之宫人往往縷金花於其上蓋其貴重如此

趙汝礪北苑别録草木至夜益盛故欲導生長之氣以滲雨露之澤茶於每歲六月興工虚其本培其末滋蔓之草遏鬱之木悉用除之政所以導生長之氣而滲雨露之澤也此之謂開畬唯桐木則留焉桐木之性與茶

相宜而又茶至冬則畏寒桐木望秋而先落茶至夏而畏日桐木至春而漸茂理亦然也

王闢之澠水燕談　建茶盛於江南近歲制作尤精龍團最為上品一觔八餅慶歷中蔡君謨為福建運使始造小團以充歲貢一觔二十餅所謂上品龍茶者也仁宗尤所珍惜雖宰相未嘗輒賜惟郊禮致齋之夕兩府各四人共賜一餅宮人剪金為龍鳳花貼其上八人分蓄之以為奇玩不敢自試有佳客出為傳玩歐陽文忠公

云茶為物之至精而小團又其精者也嘉祐中小團初出時也今小團易得何至如此之貴

周輝清波雜志自熙寧後始貢密雲龍每歲頭綱修貢奉宗廟及供玉食外賚及臣下無幾戚里貴近丐賜尤繁宣仁太后令建州不許造密雲龍受他人煎炒不得也此語既傳播於搢紳間由是密雲龍之名益著淳熙間親黨許仲啓官蘇沙得北苑修貢録序以刋得其間載歲貢十有二綱凡三等四十有一名第一綱曰龍焙

貢新止五十餘誇貴重如此獨無所謂密雲龍者豈以貢新易其名耶抑或别為一種又居密雲龍之上耶

沈存中夢溪筆談古人論茶唯言陽羨顧渚天柱蒙頂之類都未言建溪然唐人重串茶粘墨者則已近乎餅矣建茶皆喬木吳蜀唯叢茇而已品自居下建茶勝處曰郝源曾坑其間又有坌根山頂二品尤勝李氏號為北苑置使領之

胡仔苕溪漁隱叢話　建安北苑始於太宗太平興國三

年遣使造之取象於龍鳳以别入貢至道間仍添造石乳蠟面其後大小龍又起於丁謂而成於蔡君謨至宣政間鄭可簡以貢茶進用久領漕添續入其數浸廣今猶因之細色茶五綱凡四十三品形製各異共七千餘餅其間貢新試新龍團勝雪白茶御苑玉芽凡五品乃水揀為第一餘乃生揀次之又有麤色茶七綱凡五品大小龍鳳并揀芽悉入龍腦和膏為團餅茶共四萬餘餅蓋水揀茶即社前者生揀茶即火前者麤色茶即雨

前者閩中地暖雨前茶已老而味加重矣又有石門乳吉香口三外焙亦隸於北苑皆採摘茶芽送官焙添造每歲縻金共三萬餘緡日役千夫凡兩月方能迄事第所造之茶不許過數入貢之後市無貨者人罕有得惟壑源諸處私焙茶其絶品亦可敵官焙自昔至今亦皆入貢其流販四方者悉私焙茶耳

北苑在富沙之北隸建安縣去城二十五里乃龍焙造貢茶之處亦名鳳皇山自有一溪南流至富沙城下方

與西來水合而東

車清臣脚氣集毛詩云誰謂茶苦其甘如薺注茶苦菜也周禮掌茶以供喪事取其苦也蘇東坡詩云周詩記苦茶茗飲出近世乃以今之茶為茶夫茶今人以清頭目自唐以來上下好之細民亦日數椀豈是茶也茶之麄者是為茗

宋子安東溪試茶録序茶宜高山之陰而喜日陽之早自北苑至鳳山南直苦竹園頭東南屬張坑頭皆高遠

先陽處歲發常早芽極肥乳非民間所比次出壑源嶺高土沃地茶味甲於諸焙丁謂亦云鳳山高不百丈無危峯絕崦而岡翠環抱氣勢柔秀宜乎嘉植靈卉之所發也又以建安茶品甲天下疑山川至靈之卉天地始和之氣盡此茶矣又論石乳出壑嶺斷崖缺石之間蓋草木之仙骨也近蔡公亦云惟北苑鳳凰山連屬諸焙所産者味佳故四方以建茶為目皆曰北苑云

黄儒品茶要録序說者嘗謂陸羽茶經不第建安之品

蓋前此茶事未甚興靈芽真笋往往委翳消腐而人不知惜自國初以來士大夫沐浴膏澤詠歌昇平之日久矣夫身世灑落神觀沖澹惟茲茗飲爲可喜園林亦相與摘英誇異制棬鬻新以趨時之好故殊異之品始得自出于榛莽之間而其名遂冠天下借使陸羽復起閱其金餅味其雲腴當爽然自失矣因念草木之材一有負瓌偉絶特者未嘗不遇時而後興況於人乎

蘇軾書黄道輔品茶要録後

黄君道輔諱儒建安人博

學能文淡然精深有道之士也作品茶要録十篇委曲
徴妙皆陸鴻漸以來論茶者所未及非至静無求虚中
不留烏能察物之情如此其詳哉
茶録茶古不聞食自晉宋已降吴人採葉煑之名為茗
粥
華清臣煮茶泉品吴楚山谷間氣清地靈草木頴挺多
孕茶荈大率右於武夷者為白乳甲於吴興者為紫筍
産禹穴者以天章顯茂錢塘者以徑山稀至於續廬之

巖雲衢之麓雅山著於宣歙蒙頂傳於岷蜀角立差勝毛舉實繁

周絳補茶經　芽茶只作早茶馳奉萬乘嘗之可矣如一旗一槍可謂奇茶也

胡致堂曰　茶者生人之所日用也其急甚於酒

陳師道後山叢談　茶洪之雙井越之日注莫能相先後而强爲之第者皆勝心耳

陳師道茶經序　夫茶之著書自羽始其用於世亦自羽始

羽誠有功於茶者也上自宮省下逮邑里外及戎夷蠻狄賓祀燕享預陳於前山澤以成市商賈以起家又有功於人者也可謂智矣經曰茶之否臧存之口訣則書所載猶其粗也夫茶之為藝下矣至其精微書有不盡況天下之至理而欲求之文字紙墨之間其有得乎昔者先王因人而教同欲而治凡有益於人者皆不廢也

吳淑茶賦注五花茶者其片作五出花也

姚氏殘語紹興進茶自高文虎始

王楙野客叢書世謂古之荼即今之茶不知荼有數種非一端也詩曰誰謂荼苦其甘如薺者乃苦菜之荼如今苣蕒之類周禮掌荼毛詩有女如荼者乃茗荼之荼也正萑葦之屬惟茶檟之荼乃今之茶也世莫知辨

魏王花木志茶葉似梔可煑為飲其老葉謂之荈嫩葉謂之茗

瑞草總論唐宋以來有貢茶有榷茶夫貢茶猶知斯人有愛君之心若夫榷茶則利歸於官擾及於民其為害

又不一端矣

元熊禾勿齋集北苑茶焙記貢古也茶貢不列禹貢周職方而昉於唐北苑又其最著者也苑在建城東二十五里唐末里民張暉始表而上之宋初丁謂漕閩貢額驟益斤至數萬慶歷承平日久蔡公襄繼之制益精巧建茶遂為天下最公名在四諫官列君子惜之歐陽公修雖實不與然猶誇侈歌咏之蘇公軾則直指其過矣君子創法可繼焉得不重慎也

說郛臆乘茶之所産六經載之詳矣獨異美之名未備唐宋以來見於詩文者尤夥頗多疑似若蟾背蝦鬚雀舌蟹眼瑟瑟瀝瀝霏霏靄靄鼓浪湧泉琉璃眼碧玉池又皆茶事中天然偶字也

茶譜衡州之衡山封州之西鄉茶研膏為之皆片團如月又彭州蒲村堋口其園有仙芽石花等號

明人月團茶歌序唐人製茶碾末以酥滫為團宋世尤精元時其法遂絶予效而為之蓋得其似始悟古人詠

茶詩所謂膏油首面所謂佳茗似佳人所謂緑雲輕綰湘娥鬟之句飲啜之餘因作詩記之并傳好事

屠本畯茗笈評人論茶葉之香未知茶花之香余往歲過友大雷山中正值花開童子摘以為供幽香清越絶自可人惜非甌中物耳乃予著餅史月表以插茗花為齋中清玩而高濂盆史亦載茗花足助玄賞云

茗笈贊十六章一曰遡源二曰得地三曰乘時四曰揆制五曰藏茗六曰品泉七曰候火八曰定湯九曰點瀹

十曰辨器十一曰申忌十二曰防濫十三曰戒淆十四曰相宜十五曰衡鑒十六曰玄賞

謝肇淛五雜組　今茶品之上者松蘿也虎邱也羅岕也龍井也陽羨也天池也而吾閩武夷清源鼓山三種可與角勝六安鴈宕蒙山三種祛滯有功而色香不稱當是藥籠中物非文房佳品也

西吳枝乘　湖人於茗不數顧渚而數羅岕然顧渚之佳者其風味已遠出龍井下岕稍青雋然葉粗而草氣丁

長儒嘗以半角見餉且教余烹煎之法迨試之殊類羊公鶴此余有解有未解也余嘗品茗以武夷虎邱第一淡而遠也松蘿龍井次之香而艷也天池又次之常而不厭也餘者瑣瑣勿置齒喙謝肇淛

屠長卿考槃餘事虎邱茶最號精絶為天下冠惜不多產皆為豪右所據寂寞山家無由獲購矣天池青翠芳馨噉之賞心嗅亦消渴可稱仙品諸山之茶當為退舍陽羡俗名羅岕浙之長興者佳荆溪稍下細者其價兩

倍天池惜乎難得須親自收采方炒六安品亦精入藥最要但不善炒不能發香而味苦茶之本性實佳龍井之山不過十數畝外此有茶皆似不及大抵天開龍泓美泉山靈特生佳茗以副之耳山中僅有一二家炒法甚精近有山僧焙者亦妙真者天池不能及也天目為天池龍井之次亦佳品也地志云山中寒氣早嚴山僧至九月即不敢出冬來多雪三月後方通行其萌芽較他茶獨晚

包衡清賞録昔人以陸羽飲茶比於后稷樹穀及觀韓胡謝賜茶啓云吳主禮賢方閶置茗晉人愛客纔有分茶則知開創之功非關桑苧老翁也若云在昔茶勲未普則比時賜茶已一千五百串矣

陳仁錫潛確類書紫琳腴雲腴皆茶名也

茗花白色冬開似梅亦清香按冒巢民岕茶彙鈔云茶花味濁無香香凝葉内二說不同豈岕與他茶獨異歟

農政全書六經中無茶荼即茶也毛詩云誰謂荼苦其

甘如薺以其苦而甘味也

夫茶靈草也種之則利博飲之則神清上而王公貴人之所尚下而小夫賤隸之所不可闕誠民生食用之所資國家課利之一助也

羅廩茶解茶固不宜雜以惡木惟古梅叢桂辛夷玉蘭玫瑰蒼松翠竹與之間植足以蔽覆霜雪掩映秋陽其下可芳蘭幽菊清芬之品最忌菜畦相逼不免滲漉滓厥清真

茶地南向為佳向陰者遂劣故一山之中美惡相懸

李日華六研齋筆記茶事於唐末未甚興不過幽人雅士手擷荒園雜穢中拔其精英以屬靈爽所以饒雲露自然之味至於宋設茗綱充天家玉食士大夫益復貴之民間服習寖廣以為不可缺之物於是營殖者擁溉孳糞等於蔬蔌而茶亦隤其品味矣人知鴻漸到處品泉不知亦到處搜茶皇甫冉送羽攝山採茶詩數言僅存公案而已

徐巖泉六安州茶居士傳　居士姓茶族氏衆多枝葉繁衍遍天下其在六安一枝最著為大宗陽羨羅岕武夷匡廬之類皆小宗蒙山又其别枝也

樂思白雪庵清史　夫輕身換骨消渴滌煩茶荈之功至妙至神昔在有唐吾閩茗事未興草木仙骨尚閟其靈五代之季南唐採茶北苑而茗事興迨宋至道初有詔奉造而茶品日廣及咸平慶歷中丁謂蔡襄造茶進奉而製作益精至徽宗大觀宣和間而茶品極矣斷崖缺

石之上木秀雲腴往往於此露靈倘徽丁蔡來自吾閩則種種佳品不幾於委翳消腐哉雖然患無佳品耳其品果佳即微丁蔡來自吾閩而靈芽真笋豈終於委翳消腐乎吾閩之能輕身換骨消渴滌煩者寧獨一茶乎兹將發其靈矣

馮時可茶譜茶全貴採造蘇州茶飲徧天下專以採造勝耳徽郡向無茶近出松蘿最為時尚是茶始比邱大方大方居虎邱最久得採造法其後於徽之松蘿結庵

採諸山茶於庵焙製遠邇爭市價忽翔湧人因稱松蘿實非松蘿所出也

胡文煥茶集茶至清至美物也世皆不味之而食烟火者又不足以語此醫家論茶性寒能傷人脾獨予有諸疾則必藉茶為藥石每深得其功効噫非緣之有自而何契之若是耶

羣芳譜蘄州蘄門團黄有一旗一槍之號言一葉一芽也歐陽公詩有共約試新茶旗槍幾時緑之句王荆公

送元厚之詩云新茗齋中試一旗世謂茶始生而嫩者為一槍寖大而開者為一旗

魯彭刻茶經序夫茶之為經要矣兹復刻者便覽爾刻之竟陵者表羽之為竟陵人也按羽生甚異類令尹子文人謂子文賢而仕羽雖賢卒以不仕今觀茶經三篇固具體用之學者其曰伊公羹陸氏茶取而比之實以自況所謂易地皆然者非歟厥後茗飲之風行於中外而回紇亦以馬易茶由宋迄今大為邊助則羽之功固

在萬世仕不仕奚足論也

沈石田書岕茶別論後昔人咏梅花云香中别有韻清極不知寒此惟岕茶足當之若閩之清源武夷吳郡之天池虎邱武林之龍井新安之松蘿匡廬之雲霧其名雖大噪不能與岕相抗也顧渚每歲貢茶三十二斤則岕於國初已受知遇施于今漸遠漸傳漸覺聲價轉重既得聖人之清又得聖人之時第蒸采烹洗悉與古法不同

李維楨茶經序羽所著君臣契三卷源解三十卷江表四姓譜十卷占夢三卷不盡傳而獨傳茶經豈他書人所時有此為觭長易於取名耶太史公曰富貴而名磨滅不可勝數惟俶儻非常之人稱馬鴻漸窮阨終身而遺書遺跡百世下寶愛之以為山川邑里重其風足以廉頑立懦胡可少哉

楊慎丹鉛總録茶即古荼字也周詩記荼苦春秋書齊荼漢志書荼陵顔師古陸德明雖已轉入荼音而未易

字文也至陸羽茶經玉川茶歌趙贊茶禁以後遂以茶易茶

董其昌茶董題詞　荀子曰其為人也多暇其出入也不遠矣陶通明曰不為無益之事何以悅有涯之生余謂茗椀之事足當之蓋幽人高士蟬蛻勢利以耗壯心而送日月水源之輕重辨若淄澠火候之文武調若丹鼎非枕漱之侶不親非文字之飲不比者也當今此事惟許夏卿拈出顧渚陽羨肉食者往焉茂卿亦安能禁壹

似強笑不樂強顔無懽茶韻故自勝耳予夙秉幽尚入山十年差可不愧茂卿語今者驅車入閩念鳳團龍餅延津為瀹豈必土思如廉頗思用趙惟是絶交書所謂心不耐煩而官事鞅掌者竟有負茶竈耳茂卿能以同味諒吾耶

童承叙題陸羽傳後余嘗過竟陵憩羽故寺訪雁橋觀茶井慨然想見其為人夫羽少厭髠緇篤嗜墳索本非忘世者卒乃號𥘉𤕤迶跡茗䨟嘯歌獨行繼以痛哭具

意必有所在時乃比之接輿豈知羽者哉至具性甘茗
荈味辨淄澠清風雅趣膾炙今古張顛之於酒也昌黎
以為有所托而逃羽亦以是夫
穀山筆麈茶自漢以前不見於書想所謂檟者即是矣
李贄疑耀古人冬則飲湯夏則飲水未有茶也李文正
資暇録謂茶始于唐崔寧黄伯思已辨其非伯思嘗見
北齊楊子華作邢子才魏收勘書圖已有煎茶者南窓
記談謂飲茶始於梁天監中事見洛陽伽藍記及閱吳

志韋曜傳賜茶荈以當酒則茶又非始於梁矣余謂飲茶亦非始于吳也爾雅曰檟苦茶郭璞註可以為羮飲早採為茶晚採為茗一名荈則吳之前亦以茶作飲矣第未如後世之日用不離也蓋自陸羽出茶之法始講自呂惠卿蔡君謨輩出茶之法始精而茶之利國家且籍之矣此古人所不及詳者也

王象晉茶譜小序茶嘉木也一植不再移故婚禮用茶從一之義也雖兆自食經飲自隋帝而好者尚寡至後

興於唐盛於宋始為世重矣仁宗賢君也頒賜兩府四人僅得兩餅一人分數錢耳宰相家至不敢碾試藏以為寳其貴重如此近世蜀之蒙山每歲僅以兩計蘇之虎邱至官府預為封識公為採製所得不過數斤豈天地閒尤物生固不數數然耶甌泛翠濤碾飛綠屑不藉雲腴孰驅睡魔作茶譜

陳繼儒茶董小序范希文云萬象森羅中安知無茶星余以茶星名館每與客茗戰旗槍標格天然色香映發

若陸季疵復生忍作毀茶論乎夏子茂卿叙酒其言甚豪予曰何如隱囊紗帽翛然林澗之間摘露芽煑雲腴一洗百年塵土胃即熱腸如沸茶不勝酒幽韻如雲酒不勝茶酒類俠茶類隱酒固道廣茶亦德素茂卿茶之董狐也因作茶董東佘陳繼儒書於素濤軒

夏茂卿茶董序自晉唐而下紛紛邾莒之會各立勝場品別淄澠判若南董遂以茶董名篇語曰窮春秋演河圖不如載茗一車誠重之矣如謂此君面目嚴冷而且

以爲水厄且以爲乳妖則請效綦毋先生無作此事冰蓮道人識

本草石蕊一名雲茶

卜萬祺松寮茗政　虎邱茶色味香韻無可比擬必親詣茶所手摘監製乃得真產且難久貯即百端珍護稍過時即全失其初矣殆如彩雲易散故不入供御耶但山嵓隙地所產無幾又爲官司禁據寺僧慣雜贋種非精鑒家卒莫能辨明萬歷中寺僧苦大吏需索薙除殆盡

文文肅公震孟作蘺茶説以識之至今真產尤不易得
袁了凡羣書備考茶之名始見於王褒僮約
許次杼茶疏唐人首稱陽羨宋人最重建州於今貢茶
兩地獨多陽羨僅有其名建州亦非上品惟武夷雨前
最勝近日所尚者為長興之羅岕疑即古顧渚紫筍然
岕故有數處今惟峒山最佳姚伯道云明月之峽厥有
佳茗韻致清遠滋味甘香足稱仙品其在顧渚亦有佳
者今但以水口茶之全與岕别矣若歙之松蘿吳之虎

邱杭之龍井並可與蚧頔頔郭次甫極稱黄山黄山亦在歙
去松蘿遠甚往時士人皆重天池然飲之略多令人脹滿
浙之産曰鴈宕大盤金華日鑄皆與武夷相伯仲錢塘
諸山産茶甚多南山儘佳北山稍劣武夷之外有泉州
之清源儻以好手製之亦是武夷亞匹惜多焦枯令人
意盡楚之産曰寶慶滇之産曰五華皆表表有名在鴈
茶之上其他名山所産當不止此或余未知或名未著
故不及論

李詡戒菴漫筆昔人論茶以旗槍為美而不取雀舌麥顆蓋芽細則易雜他樹之葉而難辨耳旗槍者猶今稱壺蜂翅是也

四時類要茶子於寒露候收曬乾以濕沙土拌勻盛筐籠内穰草蓋之不爾即凍不生至二月中取出用糠與焦土種之於樹下或背陰之地開坎圓三尺深一尺熟劚著糞和土每阬下子六七十顆覆土厚一寸許相離二尺種一叢性惡濕又畏日大概宜山中斜坡峻坂走

水處若平地須深開溝壟以洩水三年方可收茶

張大復梅花筆談趙長白作茶史攷訂頗詳要以識其事而已矣龍團鳳餅紫茸驚芽决不可用於今世予嘗論今之世筆貴而愈失其傳茶貴而愈出其味天下事未有不身世而出之者也

文震亨長物志古今論茶事者無慮數十家若鴻漸之經君謨之録可為畫善然其時法用熟碾為丸為挺故所稱有龍團小龍團密雲龍瑞雲翔龍至宣和間始以

茶色白者為貴漕臣鄭可聞始創為銀絲水芽以茶剔葉取心清泉漬之去龍腦諸香惟新銙小龍蜿蜒其上稱龍團勝雪當時以為不更之法而吾朝所尚又不同其烹試之法亦與前人異然簡便異常天趣悉備可謂盡茶之真味矣至於洗茶候湯擇器皆各有法寧特侈言烏府雲屯等目而已哉

虎邱志馮夢楨云徐茂吳品茂以虎邱為第一

周高起洞山茶系岕茶之尚於高流雖近數十年中事

而厥産伊始則自盧仝隱居洞山種於陰嶺遂有茗嶺之目相傳古有漢王者棲遲茗嶺之陽課童藝茶踵盧仝幽致故陽山所産香味倍勝茗嶺所以老廟後一帶茶猶唐宋根株也貢山茶今已絶種

徐𤊹茶考　按茶録諸書閩中所産茶以建安北苑為第一壑源諸處次之武夷之名未有聞也然范文正公鬬茶歌云溪邊奇茗冠天下武夷仙人從古栽蘇文忠公云武夷溪邊粟粒芽前丁後蔡相寵嘉則武夷之茶在

北宋已經著名第末盛耳但宋元製造團餅似失正味今則靈芽仙萼香色尤滿為閩中第一至于北苑壑源又泯然無稱豈山川靈秀之氣造物生植之美或有時變易而然乎

勞大與甌江逸志　按茶非甌產也而甌亦產茶故舊制以之充貢及今不廢張羅峯當國凡甌中所貢方物悉與題蠲而茶獨留將毋以先春之採可薦馨香且歲費物力無多姑存之以稍備芹獻之義耶乃後世因按辦

之際不無恣取上為一下為十而藝茶之圃遂為怨叢

惟願為官於此地者不濫取于數外庶不致大為民病

耳

天中記凡種茶樹必下子移植則不復生故俗聘婦必

以茶為禮義固有所取也

事物紀原榷茶起於唐建中正元之間趙贊張滂建議

税其什一

枕譚古傳注茶樹初採為茶老為茗再老為荈今槩稱

茗當是錯用事也

熊明遇岕山茶記產茶處山之夕陽勝于朝陽廟後山西向故稱佳總不如洞山南向受陽氣特專足稱仙品云

冒襄岕山茶彙鈔茶產平地受土氣多故其質濁岕茗產于高山渾是風露清虛之氣故為可尚

吳拭云武夷茶賞自蔡君謨始謂其味過於北苑龍團周右文極抑之蓋緣山中不諳製焙法一味計多狗利

之過也余試採少許製以松蘿法汲虎嘯岩下語兒泉烹之三德俱備帶雲石而復有甘軟氣乃分數百葉寄右文令茶吐氣復酹一杯報君謨於地下耳

釋超前武夷茶歌注　建州一老人始獻山茶死後傳為山神喊山之茶始此

中原市語　茶曰渲老

陳詩教灌園史　予嘗聞之山僧言茶子數顆落地一莖而生有似連理故婚嫁用茶蓋取一本之義舊傳茶樹

不可移竟有移之而生者乃知晁采寄茶徒襲影響耳

唐李義山以對花啜茶為殺風景予苦渴疾何啻七椀

花神有知當不我罪

金陵瑣事茶有肥瘦雲泉道人云凡茶肥者甘甘則不

香茶瘦者苦苦則香此又茶經茶訣茶品茶譜之所未發

野航道人朱存理云飲之用必先茶而茶不見於禹貢

蓋全民用而不為利後世榷茶立為制非古聖意也陸

鴻漸著茶經蔡君謨著茶譜孟諫議寄盧玉川三百月

圑後後至龍鳳之飾責當備於君謨然清逸高遠上通

王公下逮林野亦雅道也

佩文齋廣羣芳譜茗花即食茶之花色月白而黄心清香

隱然瓶之高齋可為清供佳品且蕊在枝條無不開徧

王新城居易録廣南人以蔠為茶予頃著之皇華紀聞

閲道鄉集有張糾送吳洞蔠絶句云茶選修仁力破硍

蔠分吳洞忽當筵君謨遠矣知難作試取一甌江水煎

蓋志完還昭平時作也

分甘餘話宋丁謂為福建轉運使始造龍鳳團茶上供不過四十餅天聖中又造小團其品過於大團神宗時命造密雲龍其品又過於小團元祐初宣仁皇太后曰指揮建州今後更不許造密雲龍亦不要團茶揀好茶喫了生得甚好意智宣仁改熙寧之政此其小者顧其言實為萬世可法士大夫家膏粱子弟尤不可不知也謹備錄之

雲南通志茶曰芽以麄茶曰芽以結細茶曰芽以完緬甸

夷語茶曰臘扒喫茶曰臘扒儀索

徐葆光中山傳信録　琉球呼茶曰札

武夷茶考　按丁謂製龍團蔡忠惠製小龍團皆北苑事其武夷修貢自元時浙省平章高興始而談者輒稱丁蔡蘇文忠公詩云武夷溪邊粟粒芽前丁後蔡相寵嘉則北苑貢時武夷已為二公賞識矣至高興武夷貢後而北苑漸至無聞昔人云茶之為物滌昏雪滯於務學勤政未必無助其與進荔子桃花者不同然充類至義

則亦宦官宫妾之愛君也忠惠直道高名與范歐相亞而進茶一事乃儕晋公君子舉措可不慎歟

隨見錄按沈存中筆談云建茶皆喬木吳蜀唯叢茇而已以余所見武夷茶樹俱係叢茇初無喬木豈存中未至建安歟抑當時北苑與此日武夷有不同歟茶經云巴山峽川有兩人合抱者又與吳蜀叢茇之說互異姑誌之以俟參考

萬姓統譜載漢時人有茶恬出江都易王傅按漢書茶

恬蘇林曰荼食邪反則荼本兩音至唐而荼茶始分耳

焦氏說楛荼曰玉茸補

續茶經卷上之一

欽定四庫全書

續茶經卷上之二

候補主事陸廷燦撰

二之具

陸龜蒙集和茶具十詠

茶塢

茗地曲隈回野行多繚繞向陽就中密背澗差還少遥盤雲髻慢亂簇香篝小何處好幽期滿巖春露曉

茶人

天賦識靈草自然鍾野姿閒來北山下似與東風期雨後探芳去雲間幽路危唯應報春鳥得共斯人知

茶筍

所孕和氣深時抽玉笤短輕烟漸結華嫩蕊初成管尋來春靄曙欲去紅雲煖秀色自難逢傾筐不曾滿

茶籯

金刀劈翠筠織似波紋斜製作自野老攜持伴山娃昨

日闘烟粒今朝貯緑華爭歌調笑曲日暮方還家

茶舍

旋取山上材架為山下屋門因水勢斜壁任巖隈曲朝

隨鳥俱散暮與雲同宿不憚採掇勞秖憂官未足

茶竈 經云茶竈無突

無突抱輕嵐有烟映初旭盈鍋玉泉沸滿甑雲芽熟奇

香襲春桂嫩色凌秋菊煬者若吾徒年年看不足

茶焙

左右擣凝膏朝昏布烟縷方圓隨樣拍次第依層取山謡縱高下火候還文武見說焙前人時時炙花脯（紫花焙人以花為脯）

茶鼎

新泉氣味良古鐵形狀醜那堪風雨夜更值烟霞友曾過賴石下又住清溪口（賴石清溪皆江南出茶處）且共薦皐盧（皐盧茶名）何勞傾斗酒

茶甌

昔人謝摳掟徒為妍詞飾劉孝威集有謝摳掟啟豈如珪璧姿又有烟嵐色光參筠席上韻雅金罍側直使于闐君從來未嘗識

煮茶

閒來松間坐看煑松上雪時於浪花裏併下藍英末傾餘精爽健忽似氛埃滅不合别觀書但宜窺玉札

皮日休集茶中雜咏茶具

茶甂

筤篣曉攜去驀過山桑塢開時送紫茗負處沾清露歟

把傍雲泉歸將挂烟樹滿此是生涯黃金何足數

茶竈

南山茶事動竈起巖根傍水煮石髮氣薪燃杉脂香青

瓊蒸後凝綠髓炊來光如何重辛苦一一輸膏粱

茶焙

鑿彼碧岩下恰應深二尺泥易帶雲根燒難礙石脈初

能燥金餅漸見乾瓊液九里共杉林皆焙名相望在山側

茶鼎

龍舒有良匠鑄此佳樣成立作菌蠢勢煎為潺湲聲草堂暮雲陰松牕殘月明此時勺複茗野語知逾清

茶甌

邢客與越人皆能造兹器圓似月魂隨輕如雲魄起棗花勢旋眼蘋沫香沾齒松下時一看支公亦如此

江西志餘干縣冠山有陸羽茶竈羽嘗鑿石為竈取越溪水煎茶於此

陶穀清異録　豹革為囊風神呼吸之具也煮茶啜之可以滌滯思而起清風每引此義稱之為水豹囊

曲洧舊聞　范蜀公與司馬温公同遊嵩山各攜茶以行温公取紙為帖蜀公用小木合子盛之温公見而驚曰景仁乃有茶具也蜀公聞其言留合與寺僧而去後士大夫茶具精麗極世間之工巧而心猶未厭晁以道嘗以此語客客曰使温公見今日之茶具又不知云如何也

北苑貢茶别録　茶具有銀模銀圈竹圈銅圈等

梅堯臣宛陵集茶竈詩山寺碧溪頭幽人緑岩畔夜大竹聲乾春茗茶花亂兹無雅趣兼薪桂烦燃爨

又茶磨詩云楚匠斵山骨折檀爲轉臍乾坤人力内日月蟻行迷

又有謝晏太祝遺雙井茶五品茶具四枚詩

武夷志　五曲朱文公書院前溪中有茶竈文公詩云仙翁遺石竈宛在水中央飲罷方舟去茶烟裊細香

羣芳譜黄山谷云相茶瓢與相筇竹同法不欲肥而欲

瘦但欲飽風霜耳

樂純雪菴清史陸叟溺於茗事嘗為茶論并煎炙之法

造茶具二十四事以都統籠貯之時好事者家藏一副

於是若韋鴻臚木待制金法曹石轉運胡員外羅樞密

宗從事漆雕祕閣陶寳文湯提點竺副師司職方輩皆

入吾籯中矣

許次杼茶疏凡士人登山臨水必命壺觴若茗椀熏爐

置而不問是徒豪舉耳余特置游裝精茗名香同行異室茶罌銚注甌洗盆巾諸具畢備而附以香奩小爐香囊匙箸

未曾汲水先備茶具必潔必燥瀹時壺蓋必仰置磁盂勿覆案上漆氣食氣皆能敗茶

朱存理茶具圖贊序飲之用必先茶而制茶必有其具錫具姓而繫名寵以爵加以號季宋之彌文然清逸高遠上通王公下逮林野亦雅道也願與十二先生周旋

嘗山泉極品以終身此閒富貴也天豈靳乎哉

審安老人茶具十二先生姓名

韋鴻臚 文鼎 景暘 四窗閒叟

木待制 利濟 忘機 隔竹主人

金法曹 研古 鑠古 元鍇 仲鑑 雍之舊民 和琴先生

石轉運 鑿齒 遄行 香屋隱君

胡員外 惟一 宗許 貯月仙翁

羅樞密 若藥 傳師 思隱寮長

宗從事 子佛 不遺 掃雲溪友

漆雕祕閣 承之 易持 古臺老人

陶寶文 去越 自厚 兔園上客

湯提點 發新 一鳴 温谷遺老

竺副帥 善調 希點 雲濤公子

司職方 成式 如素 潔齋居士

高濂遵生八牋 茶具十六事收貯於器局內供役於苦節君者故立名管之蓋欲歸統于一以其素有貞心雅操

而自能守之也

商象古石鼎也用以煎茶

降紅銅火筯也用以簇火不用聯索為便

遞火銅火斗也用以搬火

團風素竹扇也用以發火

分盈挹水杓也用以量水斤兩即茶經水則也

執權準茶秤也用以衡茶每杓水二斤用茶一兩

注春磁瓦壺也用以注茶

吸香竹茶匙也用以助果

擦雲竹茶匙也用以取果

納敬竹茶橐也用以放盞

漉塵洗茶籃也用以瀹茶

歸潔竹筅箒也用以滌壺

受污拭抹布也用以潔甌

靜沸竹架即茶經支鍑也

運鋒劖果刀也用以切果

甘鈍木碪墪也

王友石譜竹爐并分封茶具六事

苦節君湘竹風爐也用以煎茶更有行省收藏之

建城以蒻為籠封茶以貯度閣

雲屯磁瓦瓶用以杓泉以供煑水

水曹即磁缸瓦缶用以貯泉以供火鼎

烏府以竹為籃用以盛炭為煎茶之資

器局編局為方箱用以總收以上諸茶具者

品司 編竹為圓撞提盒用以收貯各品茶葉以待烹品者也

屠赤水茶箋茶具

湘筠焙 焙茶箱也

鳴泉 煑茶磁罐

沈垢 古茶洗

合香 藏日支茶瓶以貯司品者

易持 用以納茶即漆雕祕閣

屠隆考槃餘事構一斗室相傍書齋内設茶具教一童

子專主茶役以供長日清談寒宵兀坐此幽人首務不可少廢者

灌園史盧廷璧嗜茶成癖號茶菴嘗蓄元僧詎可庭茶具十事具衣冠拜之

謝肇淛五雜組閩人以粗磁膽瓶貯茶近鼓山支提新茗出一時盡學新安製為方圓錫具遂覺神采奕奕不同

馮可賔岕茶牋論茶具茶壺以窑器為上錫次之茶杯

汝官哥定如未可多得則適意者為佳耳

李日華紫桃軒雜綴　昌化茶大葉如桃柳枝梗乃極香余過逆旅偶得手摩其焙甑三日龍麝氣不斷

臞仙云　古之所有茶竈但聞其名未嘗見其物想必無如此清氣也予乃陶土粉以為瓦器不用泥土為之大能耐火雖猛熖不裂徑不過尺五高不過二尺余上下皆鏤銘頌箴戒之又置湯壺于上其座皆空下有陽谷之穴可以藏瓢甌之具清氣倍常

重慶府志 涪江青礳石為茶磨極佳

南安府志 崇義縣出茶磨以上猶有石門山石為之尤佳蒼䃜縝密鐫琢堪施

聞龍茶箋 茶具滌畢覆于竹架俟其自乾為佳其拭巾只宜拭外切忌拭内蓋布帨雖潔一經人手極易作氣縱器不乾亦無大害

續茶經卷上之二

續茶經卷上之三

候補主事陸廷燦撰

三之造

唐書太和七年正月吳蜀貢新茶皆於冬中作法為之上務恭儉不欲逆物性詔所在貢茶宜於立春後造

北堂書鈔茶譜續補云龍安造騎火茶最為上品騎火者言不在火前不在火後作也清明改火故曰火

大觀茶論茶工作于驚蟄尤以得天時為急輕寒英華漸長條達而不迫茶工從容致力故其色味兩全故茶工得茶天為度

擷茶以黎明見日則止用爪斷芽不以指揉凡芽如雀舌穀粒者為鬬品一槍一旗為揀芽一槍二旗為次之餘斯為下茶之始芽萌則有白合不去害茶味既擷則有烏帶不去害茶色

茶之美惡尤係於蒸芽壓黄之得失蒸芽欲及熟而香

壓黄欲膏盡亟止如此則製造之功十得八九矣滌芽惟潔濯器惟淨蒸壓惟其宜研膏惟熟焙火惟良造茶先度日晷之長短均工力之衆寡會採擇之多少使一日造成恐茶過宿則害色味

茶之範度不同如人之有首面也其首面之異同難以槩論要之色瑩徹而不駁質縝繹而不浮舉之凝結碾之則鏗然可驗其為精品也有得於言意之表者

白茶自為一種與常茶不同其條敷闡其葉瑩薄崖林

之間偶然生出有者不過四五家生者不過一二株所造止於二三胯而已須製造精微運度得宜則表裏昭澈如玉之在璞他無與論也

蔡襄茶録茶味主于甘滑惟北苑鳳凰山連屬諸焙所造者味佳隔溪諸山雖及時加意製作色味皆重莫能及也又有水泉不甘能損茶味前世之論水品者以此

東溪試茶録建茶比他郡為最先北苑壑源者尤早歲多暖則先驚蟄十日即芽歲多寒則後驚蟄五日始發

先芽者氣味俱不佳惟過驚蟄者為第一民間常以驚蟄為候諸焙後北苑者半月去遠則益晚凡斷芽必以甲不以指以甲則速斷不柔以指則多濕易損擇之必精濯之必潔蒸之必香火之必良一失其度俱為茶病芽擇肥乳則甘香而粥面著盞而不散土瘠而芽短則雲脚渙亂去盞而易散葉梗長則受水鮮白葉梗短則色黃而泛烏帶白合茶之大病不去烏蔕則色黃黑而惡不去白合則味苦澀蒸芽必熟去膏必盡蒸芽未熟則

草木氣存去膏未盡則色濁而味重受烟則香奪壓黄則味失此皆茶之病也

北苑别録御園四十六所廣袤三十餘里自官平而上為内園官坑而下為外園方春靈芽萌圻先民焙十餘日如九窠十二隴龍游窠小苦竹張坑西際又為禁園之先也而石門乳吉香口三外焙常後北苑五七日興工每日采茶蒸榨以其黄悉送北苑併造

造茶舊分四局匠者起好勝之心彼此相誇不能無弊

遂并而為二焉故茶堂有東局西局之名茶銙有東作西作之號凡茶之初出研盆湯之欲其勻揉之欲其膩然後入圈製銙隨笪過黄有方銙有花銙有大龍有小龍品色不同其名亦異隨綱繫之於貢茶云

采茶之法須是侵晨不可見日晨則夜露未晞茶芽肥潤見日則為陽氣所薄使芽之膏腴内耗至受水而不鮮明故每日常以五更撾鼓集羣夫于鳳凰山山有伐鼓亭日役采夫二百二十二人監采官人給一牌入山至辰刻則復鳴鑼

以聚之恐其踰時貪多務得也大抵採茶亦須習熟募夫之際必擇土著及諳曉之人非特識茶法早晚所在而于采摘亦知其指要耳

茶有小芽有中芽有紫芽有白合有烏蔕不可不辨小芽者葉小如鷹爪初造龍團勝雪白茶以其芽先次蒸熟置之水盆中剔取其精英僅如針小謂之水芽是小芽中之最精者也中芽古謂之一槍二旗是也紫芽葉之紫者也白合乃小芽有兩葉抱而生者是也烏蔕茶

之帶頭是也凡茶以水芽為上小芽次之中芽又次之紫芽白合烏帶在所不取使其擇焉而精則茶之色味無不佳萬一雜之以所不取則首面不均色濁而味重也

驚蟄節萬物始萌每歲常以前三日開焙遇閏則後之以其氣候少遲故也

蒸芽再四洗滌取令潔淨然後入甑俟湯沸蒸之然蒸有過熟之患有不熟之患過熟則色黄而味淡不熟則

色青而易沈有草木之氣故唯以得中為當

茶既蒸熟謂之茶黃須淋洗數過欲其冷也方入小榨以去其水又入大榨以出其膏水芽則以高榨壓之以其芽嫩故也先包以布帛束以竹皮然後入大榨壓之至中取出揉匀復如前入榨謂之翻榨徹曉奮擊必至于乾潔而後已蓋建茶之味遠而力厚非江茶之比江茶畏沈其膏建茶唯恐其膏之不盡膏不盡則色味重濁矣

茶之過黃初入烈火焙次過沸湯爁之凡如是者三而

後宿一火至翌日遂過烟焙之火不欲烈烈則面泡而色黑又不欲烟烟則香盡而味焦但取其温温而已凡火之數多寡皆視其銙之厚薄銙之厚薄有十火至於十五火銙之薄者六火至于八火火數既足然後過湯上出色出色之後置之密室急以扇扇之則色澤自然光瑩矣

研茶之具以柯為杵以瓦為盆分團酌水亦皆有數上而勝雪白茶以十六水下而揀芽之水六小龍團四大

龍鳳二其餘皆十二焉自十二水而上曰研一團自六水而下曰研三團至七團每水研之必至于水乾茶熟而後已水不乾則茶不熟茶不熟則首面不匀煎試易沈故研夫貴于強而有力者也嘗謂天下之理未有不相須而成者有北苑之芽而後有龍井之水龍井之水清而且甘晝夜酌之而不竭凡茶自北苑上者皆資焉此亦猶錦之於蜀江膠之於阿井也詎不信然

姚寬西溪叢話　建州龍焙面北謂之北苑有一泉極清

澹謂之御泉用其池水造茶即壞茶味惟龍團勝雪白茶二種謂之水芽先蒸後揀每一芽先去外兩小葉謂之烏帶又次兩嫩葉謂之白合留小心芽置於水中呼為水芽聚之稍多即研焙為二品即龍團勝雪白茶也茶之極精好者無出于此每銙計工價二十千其他皆先揀而后蒸研其味次第減也茶有十綱第一綱第二綱太嫩第三綱最妙自六綱至十綱小團至大團而止

黄儒品茶要録　茶事起于驚蟄前其采芽如鷹爪初造曰試焙又曰一火其次曰二火二火之茶已次一火矣故市茶芽者惟伺出于三火前者為最佳尤喜薄寒氣候陰不至凍芽發時尤畏霜有造於一火二火者皆遇霜而三火霜霽則三火之茶勝矣晴不至于暄則縠芽含養約勒而滋長有漸采工亦優為矣凡試時泛色鮮白隠於薄霧者得於佳時而然也有造於積雨者其色昏黄或氣候暴暄茶芽蒸發采工汗手薰漬揀摘不潔

玉川先生煎茶圖（局部）

清金農畫，冊頁，設色紙本，縱 24.3 厘米，橫 31.2 厘米，現藏臺北故宮博物院。

金農（一六八七——一七六四），清代書畫家。字壽門，號冬心，別號稽留山民、曲江外史等，揚州八怪之一。嗜奇好學，精鑒賞，工於詩文書法。書法擅楷、隸，自創『漆書』。繪畫上，山水、人物、花竹無所不能，畫風古樸高雅，筆墨厚拙，佈局構圖別具一格。

此作為《人物山水冊頁》第七開，作於乾隆二十四年（一七五九年），為金農晚年所作，雖題名為盧仝煎茶，實非畫唐代煎茶，而是明清時期流行的煎水泡茶。

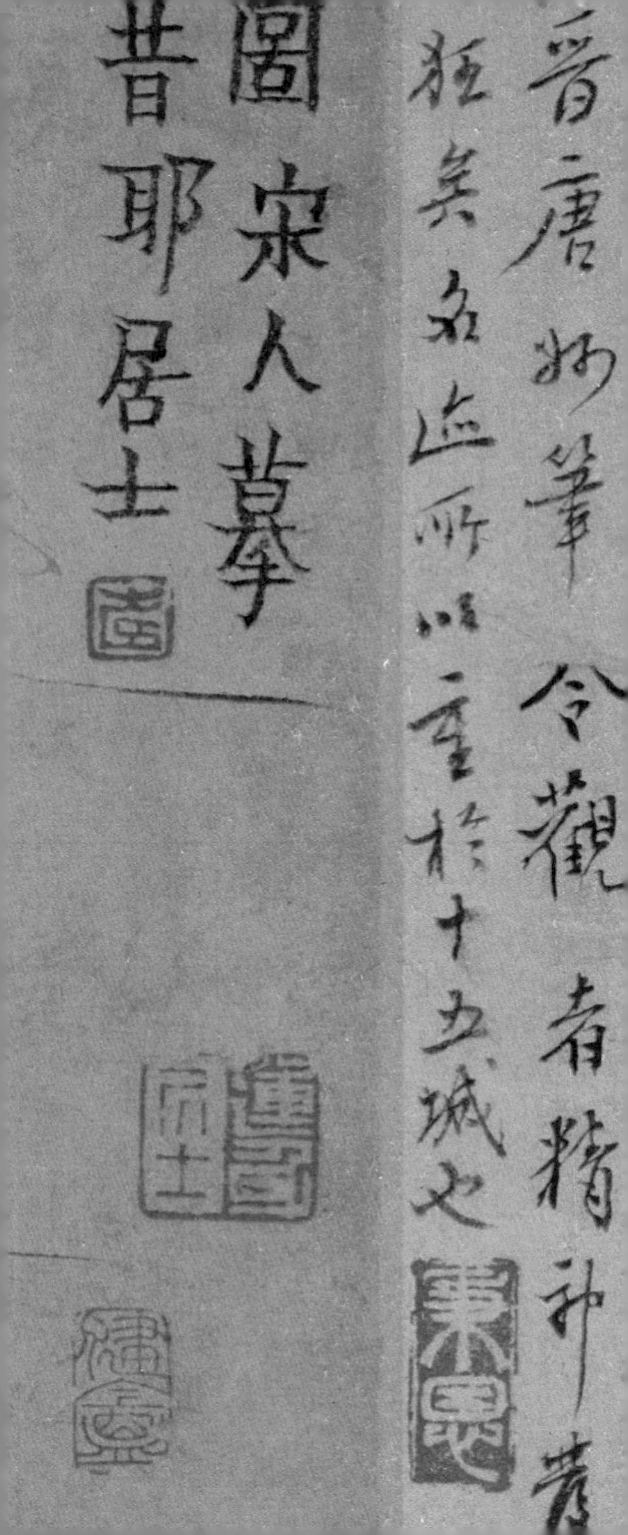
晉唐妙筆今觀者精神并
難矣名迹所以重於十五城也
圖宋人摹
昔耶居士

則製造雖多皆為常品矣試時色非鮮白水脚微紅者過時之病也

茶芽初采不過盈筐而已趨時爭新之勢然也既采而蒸既蒸而研蒸或不熟雖精芽而所損已多試時味作桃仁氣者不熟之病也唯正熟者味甘香

蒸芽以氣為候視之不可以不謹也試時色黄而粟紋大者過熟之病也然過熟愈于不熟以甘香之味勝也故君謨論色則以青白勝黄白而余論味則黄白勝青

白

茶蒸不可以逾久久則過熟又久則湯乾而焦釜之氣出茶工有乏新湯以益之是致蒸損茶黄故試時色多昏黯氣味焦惡者焦釜之病也建人謂之熱鍋氣

夫茶本以芽葉之物就之棬模既出棬上笪焙之用火務令通熟即以茶覆之虚其中以透火氣然茶民不喜用實炭號為冷火以茶餅新濕急欲乾以見售故用火常帶烟焰焰烟既多稍失看候必致薰損茶餅試時其

色昏紅氣味帶焦者傷焙之病也

茶餅先黄而又陰潤者榨不乾也榨欲盡去其膏膏盡則有如乾竹葉之意唯喜飾首面者故榨不欲乾以利易售試時色雖鮮白其味帶苦者漬膏之病也

茶色清潔鮮明則香與味亦如之故採佳品者常於半曉間衝蒙雲霧而出或以甆罐汲新泉懸胸臆間采得即投於中蓋欲其鮮也如或日氣烘爍茶芽暴長工力不給其采芽已陳而不及蒸蒸而不及研研或出宿而

後製試時色不鮮明薄如壞卵氣者乃壓黄之病也
茶之精絶者曰鬭曰亞鬭其次揀茶芽鬭品雖最上園
戶或止一株蓋天村間有特異非能皆然也且物之變
勢無常而人之耳目有盡故造鬭品之家有昔優而今
劣前負而後勝者雖人工有至有不至亦造化推移不
可得而擅也其造一火曰鬭二火曰亞鬭不過十數銙
而已揀芽則不然徧園隴中擇其精英者耳其或貪多
務得又滋色澤往往以白合盜葉間之試時色雖鮮白

其味澀淡者間白合盜葉之病也一凡鷹爪之芽有兩小葉抱而生者白合也新條葉之初生而白者盜葉也造揀芽者只剔取鷹爪而白合不用況盜葉乎物固不可以容偽況飲食之物尤不可也故茶有入他草者建人號為入雜銙列入柿葉常品入桴檻葉二葉易致又滋色澤園民欺售直而為之試時無粟紋甘香盞面浮散隱如微毛或星星如纖絮者入雜之病也善茶品者側盞視之所入之多寡從可知矣嚮上下品有之近雖銙列亦或勾使

萬花谷龍焙泉在建安城東鳳凰山一名御泉北苑造貢茶社前芽細如針用此水研造每片計工直錢四萬分試其色如乳乃最精也

文獻通考宋人造茶有二類曰片曰散片者即龍團舊法散者則不蒸而乾之如今時之茶也始知南渡之後茶漸以不蒸為貴矣

學林新編茶之佳者造在社前其次火前謂寒食前也其下則雨前謂穀雨前也唐僧齊己詩曰高人愛惜藏

巖裏白瓶封題寄火前其言火前蓋未知社前之為佳也唐人於茶雖有陸羽茶經而持論未精至本朝蔡君謨茶録則持論精矣

茗溪詩話北苑官焙也漕司歲貢為上壑源私焙也土人亦以入貢為次二焙相去三四里間若沙溪外焙也與二焙絶遠為下故魯直詩莫遣沙溪來亂真是也官焙造茶嘗在驚蟄後

朱翌猗覺寮記唐造茶與今不同今採茶者得芽即蒸

熟焙乾唐則旋摘旋抄劉夢得試茶歌自傍芳叢摘鷹嘴斯須炒成滿室香又云陽崖陰嶺各不同未若竹下莓苔地竹間茶最佳

武夷志通仙井在御茶園水極甘洌每當造茶之候則井自溢以供取用

金史泰和五年春罷造茶之防

張源茶録茶之妙在乎始造之精藏之得法點之得宜優劣定於始鐺清濁係乎末火

火烈香清鐺寒神倦火烈生焦柴踈失翠久延則過熟速起卻還生熟則犯黄生則著黑帶白點者無妨絶焦點者最勝

藏茶切忌臨風近火臨風易冷近火先黄其置頓之所須在時時坐卧之處逼近人氣則常温不寒必須板房不宜土室板房温燥土室潮蒸又要透風勿置幽隱之處不惟易生濕潤兼恐有失檢點

謝肇淛五雜組　古人造茶多舂令細末而蒸之唐詩家

僮隅竹敲茶臼是也至宋始用碾若揉而焙之則本朝始也但揉者恐不及細末之耐藏耳

今造茶之法皆不傳而建茶之品亦遠出吳會諸品下其武夷清源二種雖與上國爭衡而所產不多十九贗鼎故遂令聲價靡而不振

閩之方山太姥支提俱產佳茗而製造不如法故名不出里閈予嘗過松蘿遇一製茶僧詢其法曰茶之香原不甚遠惟焙之者火候極難調耳茶葉尖者太嫩而蒂

多老至火候匀時尖者已焦而蔕尚未熟二者雜之茶安得佳製松蘿者每葉皆剪去其尖蔕但留中段故茶皆一色而工力煩矣宜其價之高也閩人急於售利每斤不過百錢安得費工如許若價高即無市者矣故近來建茶所以不振也

羅廪茶解采茶製茶最忌手汗體膻口臭多涕不潔之人及月信婦人更忌酒氣蓋茶酒性不相入故采茶製茶切忌沾醉

茶性易淫於染着無論腥穢及有氣息之物不宜近即名香亦不宜近

許次杼茶疏 岕茶非夏前不摘初試摘者謂之開園采自正夏謂之春茶其地稍寒故須待時此又不當以太遲病之往時無秋日摘者近乃有之七八月重摘一番謂之早春其品甚佳不嫌少薄他山射利多摘梅茶以梅雨時采故名梅茶苦澀且傷秋摘佳產戒之

茶初摘時香氣未透必借火力以發其香然茶性不耐

勞炒不宜久多取入鐺則手力不匀久於鐺中過熟而香散矣炒茶之鐺最忌新鐵須預取一鐺以備炒毋得別作他用一說惟常煮飯者佳既無鐵腥亦無脂膩炒茶之薪僅可樹枝勿用幹葉則火力猛熾葉則易熖易滅鐺必磨洗瑩潔旋摘旋炒一鐺之内僅可四兩先用文火炒軟次加武火催之手加木指急急鈔轉以半熟為度微俟香發是其候也

清明太早立夏太遲穀雨前後其時適中若再遲一二

日待其氣力完足香烈尤倍易于收藏

藏茶於庋閣其方宜塼底數層四圍磚砌形若火爐愈大愈善勿近土牆頓甕其上隨時取竈下火灰候冷簇於甕傍半尺以外仍隨時取火灰簇之令裏灰常燥以避風濕卻忌火氣入甕蓋能黃茶耳日用所須貯于小磁瓶中者亦當箬包苧紮勿令見風且宜置于案頭勿近有氣味之物亦不可用紙包蓋茶性畏紙紙成於水中受水氣多也紙裹一夕即隨紙作氣而茶味盡矣雖

再焙之少頃即潤鴈宕諸山之茶首坐此病紙帖貽遠安得復佳

茶之味清而性易移藏法喜溫燥而惡冷濕喜清涼而惡鬱蒸宜清觸而忌香惹藏用火焙不可日曬世人多用竹器貯茶雖加箬葉擁護然箬性峭勁不甚伏帖風濕易侵至于地爐中頓放萬萬不可人有以竹器盛茶置被籠中用火即黄除火即潤忌之忌之

聞龍茶箋嘗考經言茶焙甚詳愚謂今人不必全用此

法予構一室高不踰尋方不及丈縱廣正等四圍及頂綿紙密糊無小罅隙置三四火缸于中安新竹篩于缸内預洗新麻布一片以襯之散所炒茶於篩上闔户而焙上面不可覆蓋以茶葉尚潤一覆則氣悶罨黄須焙二三時俟潤氣既盡然後覆以竹箕焙極乾出缸待冷入器收藏後再焙亦用此法則香色與味猶不致大減

諸名茶法多用炒惟羅岕宜於蒸焙味真蘊藉世競珍之即顧渚陽羨密邇洞山不復倣此想此法偏宜於岕

未可槩施諸他茗也然經已云蒸之焙之則所從來遠

矣

吳人絶重岕茶往往雜以黑箬大是闕事余每藏茶必

令樵青入山採竹箭箬拭凈烘乾護罌四週半用剪碎

拌入茶中經年發覆青翠如新

吳興姚叔度言茶若多焙一次則香味隨減一次予驗

之良然但于始焙時烘令極燥多用炭箬如法封固即

梅雨連旬燥仍自若惟開罈頻取所以生潤不得不再

焙耳自四月至八月極宜致謹九月以後天氣漸肅便
可解嚴矣雖然能不弛懈尤妙
炒茶時須用一人從旁扇之以去熱氣否則茶之色香
味俱減此予所親試扇者色翠不扇者色黄炒起出鐺
時置大磁盆中仍須急扇令熱氣稍退以手重揉之再
散入鐺以文火炒乾之蓋揉則其津上浮點時香味易
出田子藝以生曬不炒不揉者為佳其法亦未之試
耳

羣芳譜以花拌茶頗有别致凡梅花木樨茉莉玫瑰薔薇蘭蕙金橘梔子木香之屬皆與茶宜當於諸花香氣全時摘拌三停茶一停花收于磁罐中一層茶一層花相間填滿以紙箬封固入淨鍋中重湯煑之取出待冷再以紙封裹於火上焙乾貯用但上好細芽茶忌用花香反奪其真味惟平等茶宜之

雲林遺事蓮花茶就池沼中於早飯前日初出時擇取蓮花蕋略綻者以手指撥開入茶滿其中用麻絲縛紮

定經一宿次早連花摘之取茶紙包曬如此三次錫罐盛貯紮口收藏

邢士襄茶說凌露無雲采候之上霽日融和采候之次積日重陰不知其可

田藝衡煮泉小品　芽茶以火作者為次生曬者為上亦更近自然且斷烟火氣耳況作人手氣器不潔火候失宜皆能損其香色也生曬茶瀹之甌中則旗槍舒暢清翠鮮明香潔勝于火炒尤為可愛

洞山茶系　岕茶采焙定以立夏後三日陰雨又需之世人妄云雨前真岕抑亦未知茶事矣茶園既開入山賣草枝者日不下二三百石山民收製以假混真好事家躬往予租采焙戒視惟謹多被潛易真茶去人地相京高價分買家不能二三斤近有采嫩葉除尖蒂抽細筋焙之亦曰片茶不去尖筋炒而復焙燥如葉狀曰攤茶並難多得又有俟茶市將闌采取剩葉焙之名曰修山茶香味足而色差老若今四方所貨岕片多是南岳片

子署為騙茶可矣茶賈衒人率以長潮等茶本岕亦不可得噫安得起陸龜蒙於九京與之賡茶之品也茶人皆有市心令予徒仰真茶而已故予煩悶時每誦姚合乞茶詩一遍

月令廣義炒茶每鍋不過半斤先用乾炒後微洒水以布捲起揉做

茶擇淨微蒸候變色攤開扇去濕熱氣揉做畢用火焙乾以箬葉包之語曰善蒸不若善炒善曬不若善焙蓋

茶以炒而焙者為佳耳

農政全書采茶在四月嫩則益人粗則損人茶之為道釋滞去垢破睡除煩功則著矣其或采造藏貯之無法碾焙煎試之失宜則雖建芽浙茗祇為常品耳此製作之法宜亟講也

馮夢禎快雪堂漫録炒茶鍋令極净茶要少火要猛以手拌炒令軟净取出攤于匾中略用手揉去焦梗冷定復炒極燥而止不得便入瓶置於净處不可近濕一二日

後再入鍋炒令極燥攤冷然後收藏

藏茶之罌先用湯煮過烘燥乃燒栗炭透紅投罌中覆之令黑去炭及灰入茶五分投入冷炭再入茶將滿又以宿箬葉實之用厚紙封固罌口更包燥淨無氣味甎石壓之置于高燥透風處不得傍牆壁及泥地方得

屠長卿考槃餘事茶宜箬葉而畏香藥喜温燥而忌冷濕故收藏之法先于清明時收買箬葉揀其最青者預焙極燥以竹絲編之每四片編為一塊聽用又買宜興

新堅大罌可容茶十斤以上者洗淨焙乾聽用山中采焙回復焙一番去其茶子老葉梗屑及枯焦者以大盆伏生炭覆以竈中敲細赤火既不生烟又不易過置茶焙下焙之約以二斤作一焙别用炭火入大爐内將罌懸架其上烘至燥極而止先以編箬襯於罌底茶焙燥後扇冷方入茶之燥以拈起即成末為驗隨焙隨入既滿又以箬葉覆以茶上每茶一斤約用箬二兩罌口用尺八紙焙燥者然後於向明淨室或高閣藏之用時以

新焙宜與小瓶約可受四五兩者另貯取用後隨即包整夏至後三日再焙一次秋分後三日又焙一次一陽後三日又焙一次連山中共焙五次從此直至交新色味如一罌中用淺更以燥箬葉滿貯之雖久不浥

又一法以中罈盛茶約十斤一瓶每年燒稻草灰入大桶內將茶瓶座於桶中以灰四面塡桶瓶上覆灰築實用時撥灰開瓶取茶些少仍復封瓶覆灰則再無蒸壞之患次年另換新灰

又一法於空樓中懸架將茶瓶口朝下放則不蒸緣蒸氣自天而下也

采茶時先自帶鍋入山别租一室擇茶工之尤良者倍其雇值戒其搓摩勿使生硬勿令過焦細細炒燥扇冷方貯罌中

采茶不必太細細則芽初萌而味欠足不可太青青則葉已老而味欠嫩須在穀雨前後覔成梗帶葉微緑色而團且厚者為上更須天色晴明采之方妙若閩廣嶺

南多瘴癘之氣必待日出山霽霧瘴嵐氣收淨采之可也

馮可賓岕茶牋茶雨前精神未足夏後則梗葉太粗然以細嫩爲妙須當交夏時時看風日晴和月露初收親自監采入籃如烈日之下應防籃内鬱蒸又須傘蓋至舍速傾於淨籩内薄攤細揀枯枝病葉蛸絲青牛之類一一剔去方爲清潔也

蒸茶須看葉之老嫩定蒸之遲速以皮梗碎而色帶赤

為度若太熱則失鮮其鍋內湯須頻換新水蓋熟湯能奪若味也

陳眉公太平清話　吳人於十月中采小春茶此時不獨逗漏花枝尤喜日光晴暖從此蹉過霜凄鴈凍不復可堪矣

眉公云采茶欲精藏茶欲燥烹茶欲潔

吴拭云　山中採茶歌凄清哀婉韻態悠長一聲從雲際飄來未嘗不潸然墮淚吴歌未能動人如此也

熊明遇岕山茶記　貯茶之器先以生炭火煆過於烈日中暴之令火滅乃亂插茶中封固罌口覆以新磚置於高爽近人處霉天雨候切忌發覆須於晴燥日開取其空缺處即當箬填滿封閟如故方為可久

雪蕉館記談　明玉珍子昇在重慶取涪江青蠊石為茶磨令宮人以武隆雪錦茶碾焙以大足縣香霏亭海棠花味倍于常海棠無香獨此地香焙茶尤妙

詩話　顧渚湧金泉每歲造茶時太守先祭拜然後水稍

出造茶鼎畢水漸減至供堂茶畢已減半矣太守茶畢遂涸北苑龍焙泉亦然

紫桃軒雜綴　天下有好茶為凡手焙壞有好山水為俗子粧點壞有好子弟為庸師教壞真無可奈何耳

匡廬絕頂產茶在雲霧蒸蔚中極有勝韻而僧拙於焙瀹之為赤滷豈復有茶哉戊戌小春住東林同門人董獻可曹不隨萬南仲手自焙茶有淺碧從教如凍柳清芬不遺雜花飛之句既成色香味殆絕

顧渚前朝名品正以採摘初芽加之法製所謂罄一畝之入僅充半環取精之多自然擅妙也今碌碌諸葉茶中無殊菜瀋何勝括目　金華仙洞與閩中武夷俱良材而厄於焙手　埭頭本草市溪菴施濟之品近有蘇焙者以色稍青遂混常價

岕茶彙鈔岕茶不炒甑中蒸熟然後烘焙緣其摘遲枝葉微老炒不能軟徒枯碎耳亦有一種細炒岕乃他山炒焙以欺好奇者岕中人惜茶決不忍嫩採以傷樹本

余意他山摘茶亦當如岕之遲摘老蒸似無不可但未經嘗試不敢漫作

茶以初出雨前者佳惟羅岕立夏開園吳中所貴梗觕葉厚者有簫箬之氣還是夏前六七日如雀舌者最不易得

檀几叢書南岳貢茶天子所嘗不敢置品縣官修貢期以清明日入山肅祭乃始開園采造視松蘿虎邱而香色豐美自是天家清供名曰片茶初亦如岕茶製法萬

歴丙辰僧稠蔭遊松蘿乃仿製為片

馮時可滇行記畧 滇南城外石馬井泉無異恵泉感通寺茶不下天池伏龍特此中人不善焙製耳徽州松蘿舊亦無聞偶虎邱一僧住松蘿菴如虎邱法焙製遂見嗜于天下恨此泉不逢鴻漸此茶不逢虎邱僧也

湖州志長興縣啄木嶺金沙泉唐時每歲造茶之所也在湖常二郡界泉處沙中居常無水將造茶二郡太守畢至具儀注拜勅祭泉頃之發源其夕清溢供御者畢

水即微減供堂者畢水已半之太守造畢水即涸矣太守或還旆稽期則示風雷之變或見鷙獸毒蛇木魅陽睒之類焉商旅多以顧渚水造之無沾今沙者今之紫筍即用顧渚造者亦甚佳矣

高濂八牋藏茶之法以蒻葉封裹入茶焙中兩三日一次用火當如人體之溫溫然而濕潤自去若火多則茶焦不可食矣

謝肇淛五雜組武夷岕蔚紫帽龍山皆產茶僧拙於焙

既採則先蒸而後焙故色多紫赤只堪供宫中澣濯用耳近有以松蘿法製之者即試之色香亦具色經旬月則紫赤如故蓋製茶者不過土著數僧耳語三吳之法轉轉相效舊態畢露此須如昔人論琵琶法使數年不近盡忘其故調而後以三吳之法行之或有當也

徐茂吴云實茶大甕底置箬甕口封閟倒放則過夏不黄以其不外泄也子晉云當倒放有蓋缸内缸宜砂底則不生水而燥加謹封貯不宜見日見日則生翳而

味損矣藏又不宜於熱處新茶不宜驟用貯過黄梅其味始足

張大復梅花筆談松蘿之香馥馥廟後之味閒閒顧渚撲人鼻孔齒頰都異久而不忘然其妙在造凡宇内道地之産性相近也習相遠也吾深夜被酒發張震封所遺顧渚連啜而醒

王草堂茶說武夷茶自穀雨采至立夏謂之頭春約隔二旬復采謂之二春又隔又採謂之三春頭春葉粗味

濃二春三春葉漸細味漸薄且帶苦矣夏末秋初又采一次名為秋露香更濃味亦佳但為來年計惜之不能多采耳茶采後以竹筐勻鋪架於風日中名曰曬青俟其青色漸收然後再加炒焙陽羨岕片祇蒸不炒火焙以成松蘿龍井皆炒而不焙故其色純獨武夷炒焙兼施烹出之時半青半紅青者乃炒色紅者乃焙色也茶采而攤攤而摝香氣發越即炒過時不及皆不可既炒既焙復揀去其中老葉枝蔕使之一色釋超全詩云如

梅斯馥蘭斯馨心閒手敏工夫細形容殆盡矣

王草堂節物出典 養生仁術云穀雨日採茶炒藏合法能治痰及百病

隨見録 凡茶見日則味奪惟武夷茶喜日曬

武夷造茶其岩茶以僧家所製者最為得法至洲茶中采回時逐片擇其背上有白毛者另炒另焙謂之白毫又名壽星眉摘初發之芽一旗未展者謂之蓮子心連枝二寸剪下烘焙者謂之鳳尾龍鬚要皆異其製造以

欺人射利實無足取焉

續茶經卷上之三

欽定四庫全書

續茶經卷中

侯補主事陸廷燦撰

四之器

御史臺記唐制御史有三院一曰臺院其僚為侍御史二曰殿院其僚為殿中侍御史三曰察院其僚為監察御史察院廳居南會昌初監察御史鄭路所葺禮察廳謂之松廳以其南有古松也刑察廳謂之魘廳以寢於

此者多夢魘也兵察廳主掌院中茶其茶必市蜀之佳者貯於陶器以防暑濕御史輒躬親緘啓故謂之茶瓶廳

資暇集茶托子始建中蜀相崔寧之女以茶杯無襯病其熨指取楪子承之既啜而杯傾乃以蠟環楪子之央其盃遂定即命工匠以漆代蠟環進於蜀相蜀相奇之爲製名而話於賓親人人爲便用於當代是後傳者更環其底愈新其製以至百狀焉

貞元初青鄆油繒為荷葉形以襯茶椀別為一家之楪今人多云托子始此非也蜀相即今昇平崔家訊則知矣

大觀茶論茶器

羅碾碾以銀為上熟鐵次之槽欲深而峻輪欲鋭而薄羅欲細而面緊碾必力而速惟再羅則入湯輕泛粥面光凝盡茶之色

盞須度茶之多少用盞之大小盞高茶少則掩蔽茶色

茶多盞小則受湯不盡惟盞熱則茶發立耐久

筅以觔竹老者為之身欲厚重筅欲疎勁本欲壯而末

必眇當如劍脊之狀蓋身厚重則操之有力而易於運

用筅疎勁如劍脊則擊拂雖過而浮沫不生

瓶宜金銀大小之製惟所裁給注湯利害獨缾之口嘴

而已嘴之口差大而宛直則注湯力緊而不散嘴之末

欲圓小而峻削則用湯有節而不滴瀝蓋湯力緊則發

速有節不滴瀝則茶面不破

杓之大小當以可受一盞茶為量有餘不足傾杓煩數

茶必永矣

蔡襄茶録茶器

茶焙編竹為之裹以蒻葉蓋其上以收火也隔其中以

有容也納火其下去茶尺許常温温然所以養茶色香

味也

茶籠茶不入焙者宜密封裹以蒻籠盛之置高處切勿

近濕氣

枯椎盖以碎茶砧以木為之椎則或金或鐵取於便用

茶鈐屈金鐵為之用以炙茶

茶碾以銀或鐵為之黄金性柔銅及硫石皆能生鉎音星

不入用

茶羅以絶細為佳羅底用蜀東川鵞溪絹之宻者投湯

中揉洗以羃之

茶盞茶色白宜黑盞建安所造者紺黑紋如兔毫其杯

微厚熁之久熱難冷最為要用出他處者或薄或色紫

皆不及也其青白盞鬬試自不用

茶匙要重擊拂有力黄金為上人間以銀鐵為之竹者

太輕建茶不取

茶瓶要小者易於候湯且點茶注湯有準黄金為上若

人間以銀鐵或瓷石為之若瓶大啜存停久味過則不

佳矣

孫穆雞林類事高麗方言茶匙曰茶戍

清波雜志長沙匠者造酒器極精緻工直之厚等所用

白金之數士大夫家多有之寘几案間但知以侈靡相夸初不常用也凡茶宜錫竊意以錫為合適用而不侈貼以紙則茶味易損

張芸叟云呂申公家有茶羅子一金飾一棕櫚方接客索銀羅子常客也金羅子禁近也棕櫚則公輔必矣家人常挨排於屏間以候之

黄山谷集同公擇咏茶碾詩要及新香碾一杯不應傳寶到雲來碎身粉骨方餘味莫厭聲喧萬壑雷

陶穀清異録富貴湯當以銀銚煑之佳甚銅銚煑水錫

壺注茶次之

蘇東坡集揚州石塔試茶詩坐客皆可人鼎器手自潔

秦少游集茶臼詩幽人耽茗飲刳木事擣撞巧製合臼

形雅音伴柷椌

文與可集謝許判官惠茶器圖詩成圖畫茶器滿幅寫

茶詩會說工全妙深諳句特奇

謝宗可咏物詩茶筅此君一節瑩無瑕夜聽松聲漱玉

華萬里引風歸海眼半瓶飛雪起龍芽香凝翠髮雲生
脚濕滿蒼髯浪卷花到手纖毫皆盡力多因不負玉川
家
乾淳歲時記 禁中大慶會用大鍍金甃以五色果簇飣
龍鳳謂之繡茶
演繁露東坡後集二從駕景靈宫詩云病貪賜茗浮銅
葉按今御前賜茶皆不用建盞用大湯甃色正白但其
制樣似銅葉湯甃耳銅葉色黄褐色也

周密癸辛雜志宋時長沙茶具精妙甲天下每副用白金三百星或五百星凡茶之具悉備外則以大纓銀合貯之趙南仲丞相帥潭以黄金千兩為之以進尚方穆陵大喜蓋内院之工所不能為也

楊基眉菴集咏木茶爐詩紺緑仙人煉玉膚花神為曝紫霞腴九天清淚沾明月一點芳心託鷓鴣肌骨已為香魄死夢魂猶在露團枯孀娥莫怨花零落分付餘醺與酪奴

張源茶録　茶銚金乃水母銀備剛柔味不鹹澁作銚最良製必穿心令火氣易透

茶甌以白磁為上藍者次之

聞龍茶箋　茶鍑山林隱逸水銚用銀尚不易得何况鍑乎若用之恒歸於鐵也

羅廩茶解　茶爐或瓦或竹皆可而大小須與湯銚稱凡貯茶之器始終貯茶不得移為他用

李如一水南翰記　韻書無甆字今人呼盛茶酒器曰甆

檀几叢書品茶用歐白甆為良所謂素甆傳靜夜芳氣滿閒軒也製宜弇口邃腸色浮浮而香不散

茶説器具精潔茶愈為之生色今時姑蘇之錫注時大彬之沙壺汴梁之錫銚湘妃竹之茶竈宣成窰之茶盞高人詞客賢士大夫莫不為之珍重即唐宋以來茶具之精未必有如斯之雅致

聞雁齋筆談茶旣就筐其性必發於日而遇知已於水然非煑之茶竈茶爐則亦不佳故曰飲茶富貴之事也

雪庵清史泉洌性駃非扃以金銀器味必破器而走矣有饋中冷泉於歐陽文忠者公訝曰君故貧士何為致此奇貺徐視饋器乃曰水味盡矣噫如公言飲茶乃富貴事耶嘗考宋之大小龍團始於丁謂成於蔡襄公聞而嘆曰君謨士人也何至作此事東坡詩曰武夷溪邊粟粒芽前丁後蔡相寵嘉吾君所乏豈此物致養口體何陋耶觀此則二公又為茶敗壞多矣故余於茶瓶而有感

茶鼎丹山碧水之鄉月澗雲龕之品滌煩消渴功誠不在芝朮下然不有似泛乳花浮雲脚則草堂暮雲陰松隱殘雪明何以勺之野語清噫鼎之有功於茶大矣哉故曰休有立作菌蠢勢煎為潺湲聲禹錫有驟雨松風入鼎来白雲滿盌花徘徊居仁有浮花原屬三昧手竹齋自試魚眼湯仲淹有鼎磨雲外首山銅瓶攜江上中濡水景綸有待得聲聞俱寂後一甌春雪勝醍醐噫鼎之有功於茶大矣哉雖然吾猶有取盧仝柴門反關無

俗客紗帽籠頭自煎喫楊萬里老夫平生愛煑茗十年燒穿折脚鼎如二君者差可不負此鼎耳

馮時可茶録　茈莉一名旁莨茶籠也犧木杓也瓢也

宜興志　茗壺陶穴環於蜀山原名獨山東坡居陽羨時以其似蜀中風景改名蜀山今山椒建東坡祠以祀之陶煙飛染祠宇盡黑

冐巢民云　茶壺以小為貴每一客一壺任獨斟飲方得茶趣何也壺小則香不渙散味不耽遲況茶中香味不

先不後恰有一時太早或未足稍緩或已過箇中之妙

清心自飲化而裁之存乎其人

周高起陽羡茗壺系茶至明代不復碾屑和香藥製團

餅已遠過古人近百年中壺黜銀錫及閩豫甆而尚宜

興陶此又遠過前人處也陶曷取諸取其製以本山土

砂能發眞茶之色香味不但杜工部云傾金注玉驚人

眼高流務以免俗也至名手所作一壺重不數兩價每

一二十金能使土與黃金爭價世日趨華抑足感矣考

其創始自金沙寺僧久而逸其名又提學頤山吳公讀書金沙寺中有青衣供春者仿老僧法為之栗色闇闇敦龎周正指螺紋隱隱可按允稱第一世作龔春悞也萬歷間有四大家董翰趙梁玄錫時朋朋即大彬父也大彬號少山不務妍媚而樸雅堅栗妙不可思遂於陶人擅空羣之目矣此外則有李茂林李仲芳徐友泉又大彬徒歐正春邵文金邵文銀蔣伯荂四人陳用卿陳信卿閔魯生陳光甫又婺源人陳仲美重鏤疊刻細極

鬼工沈君用邵蓋周後溪邵二孫陳俊卿周季山陳和之陳挺生承雲從沈君盛陳辰輩各有所長徐友泉所製之泥色有海棠紅朱砂紫定窑白冷金黄淡墨沉香水碧榴皮葵黄閃色梨皮等名大彬鐫款用竹刀畫之書法閒雅

茶洗式如扁壺中加一盎鬲而細竅其底便於過水漉沙茶藏以閉洗過之茶者陳仲美沈君用各有奇製水杓湯銚亦有製之盡美者要以椰瓢錫缶為用之恒

茗壺宜小不宜大宜淺不宜深壺蓋宜盎不宜砥湯力茗香俾得團結氤氳方為佳也

壺若有宿雜氣須滿貯沸湯滌之乘熱傾去郎没於冷水中亦急出水瀉之元氣復矣

許次杼茶疏　茶盒以貯日用零茶用錫為之從大壜中分出若用盡時再取

茶壺往時尚龔春近日時大彬所製極為人所重蓋是𥗂砂製成正取砂無土氣耳

臞仙云茶甌者予嘗以瓦為之不用磁以筍殼為蓋以檞葉攢覆於上如箬笠狀以蔽其塵用竹架盛之極清無比茶匙以竹編成細如笊籬樣與塵世所用者大不凡矣乃林下出塵之物也煎茶用銅瓶不免湯腥用砂銚亦嫌土氣惟純錫為五金之母制銚能益水德

謝肇淛五雜組宋初閩茶北苑為最當時上供者非兩府禁近不得賜而人家亦珍重愛惜如王東城有茶囊惟楊大年至則取以具茶他客莫敢望也

支廷訓集有湯藴之傳乃茶壺也

文震亨長物志壺以砂者為上既不奪香又無熟湯氣錫壺有趙良璧者亦佳吳中歸錫嘉禾黄錫價皆最高

遵生八箋茶銚茶瓶磁砂為上銅錫次之磁壺注茶砂銚煮水為上茶盞惟宣窑壇盞為最質厚白瑩樣式古雅有等宣窑印花白甌式樣得中而瑩然如玉次則嘉窑心内有茶字小盞為美欲試茶色黄白豈容青花亂之注酒亦然惟純白色器皿為最上乘餘品皆不取

試茶以滌器為第一要茶瓶茶盞茶匙生鉎致損茶味

必須先時洗潔則美

曹昭格古要論 古人喫茶湯用擎取其易乾不留滯

陳繼儒試茶詩 有竹爐幽討松火怒飛之句 竹茶爐出惠山者最佳

淵鑑類函 茗盌韓詩茗盌纖纖捧

徐葆光中山傳信錄 琉球茶甌色黃描青綠花草云出

土噶喇其質少麤無花但作冰紋者出大島甌上造一

小木蓋朱黑漆之下作空心托子製作頗工亦有茶托

茶帚其茶具火爐與中國小異

曾萬里青異錄 時大彬茶壺有名釣雪似帶笠而釣者

然無牽合意

隨見錄 洋銅茶吊來自海外紅銅盪錫薄而輕精而雅

烹茶最宜

續茶經卷中

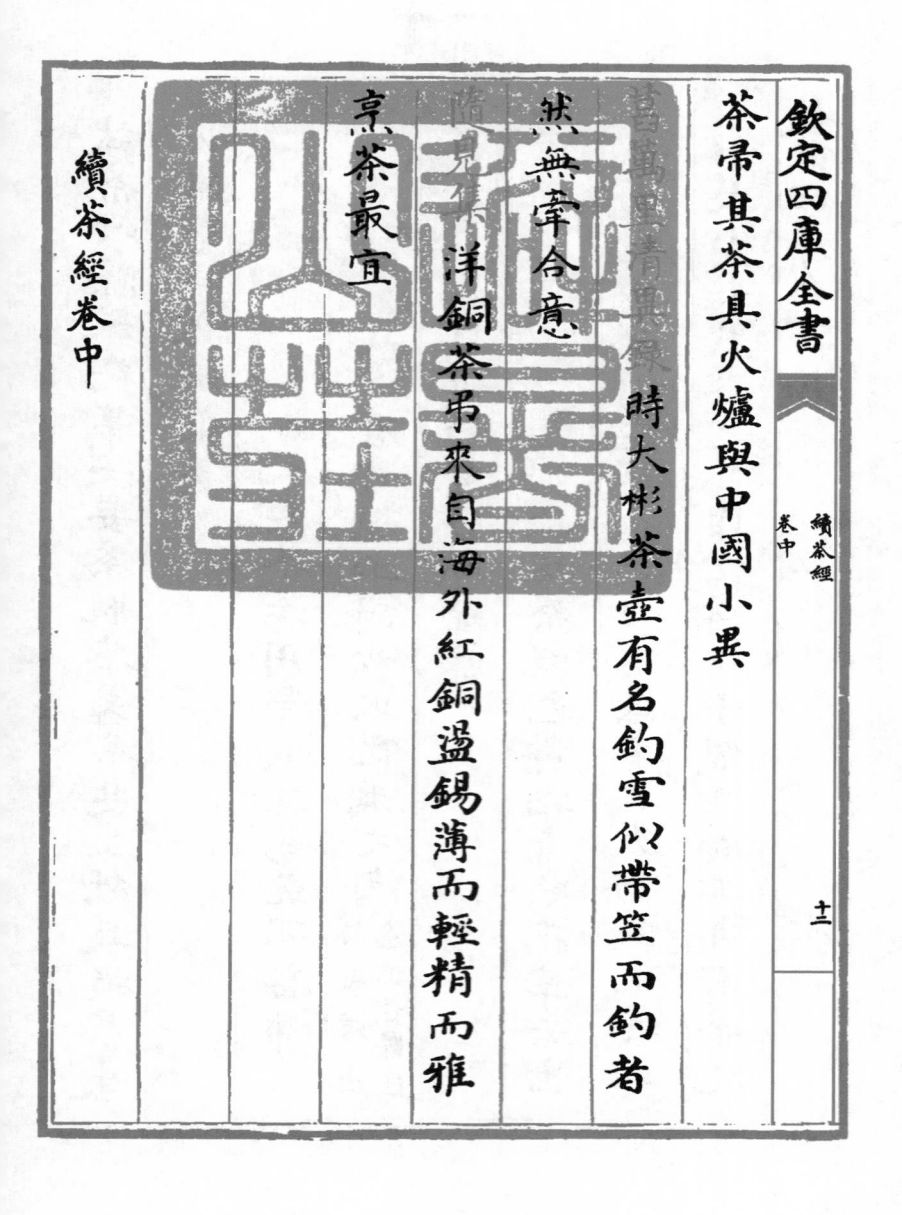

欽定四庫全書

續茶經卷下之一

候補主事陸廷燦撰

五之煮

唐陸羽六羨歌　不羨黃金罍不羨白玉盃不羨朝入省不羨暮入臺千羨萬羨西江水曾向竟陵城下來

唐張又新水記　故刑部侍郎劉公諱伯芻于又新丈人行也為學精博有風鑒稱較水之與茶宜者凡七等揚

子江南零水第一無錫惠山寺石水第二蘇州虎邱寺石水第三丹陽縣觀音寺井水第四大明寺井水第五吳淞江水第六淮水最下第七余嘗俱瓻於舟中親挹而比之誠如其說也客有熟於兩浙者言搜訪未盡余嘗志之及刺永嘉過桐廬江至嚴瀨溪色至清水味甚冷煎以佳茶不可名其鮮馥也愈於揚子南零殊遠及至永嘉取仙巖瀑布用之亦不下南零以是知客之說信矣

陸羽論水次第凡二十種廬山康王谷水簾水第一無錫惠山寺石泉水第二蘄州蘭溪石下水第三峽州扇子山下蝦蟇口水第四蘇州虎邱寺石泉水第五廬山招賢寺下方橋潭水第六揚子江南零水第七洪州西山瀑布泉第八唐州桐柏縣淮水源第九廬州龍池山嶺水第十丹陽縣觀音寺水第十一揚州大明寺水第十二漢江金州上游中零水第十三水苦歸州玉虛洞下香溪水第十四商州武關西洛水第十五吳淞江水第

十六天台山西南峰千丈瀑布水第十七柳州圓泉水第十八桐廬嚴陵灘水第十九雪水第二十用雪不可太冷

唐顧況論茶煎以文火細煙煑以小鼎長泉

蘇廙仙芽傳第九卷載作湯十六法謂湯者茶之司命若名茶而濫湯則與凡味同調矣煎以老嫩言凡三品注以緩急言凡三品以器標者共五品以薪論者共五品一得一湯二嬰湯三百壽湯四中湯五斷脈湯六大壯湯七富貴湯八秀碧湯九壓一湯十纏口湯十一減

價湯十二法律湯十三一面湯十四宵人湯十五賤湯十六魔湯

丁用晦芝田録　唐李衛公德裕喜惠山泉取以烹茗自常州到京置驛騎傳送號曰水遞後有僧某曰請爲相公通水脉蓋京師有一眼井與惠山泉脈相通汲以烹茗味殊不異公問井在何坊曲曰昊天觀常住庫後是也因取惠山昊天各一瓶雜以他水八瓶令僧辨晰僧止取二瓶井泉德裕大加奇嘆

事文類叙 贊黄公李德裕居廊廟日有親知奉使於京口公曰還日金山下揚子江南零水與取一壺來其人敬諾及使回舉棹日因醉而忘之汎舟至石城下方憶乃汲一瓶於江中歸京獻之公飲後歎訝非常曰江表水味有異於頃歲矣此水頗似建業石頭城下水也其人即謝過不敢隱

河南通志 盧仝茶泉在濟源縣仝有莊在濟源之通濟橋二里餘茶泉存焉其詩曰買得一片田濟源花洞前

自號玉川子有寺名玉泉汲此寺之泉煎茶有玉川子飲茶歌句多奇警

黄州志陸羽泉在蘄水縣鳳棲山下一名蘭溪泉羽品為天下第三泉也嘗汲以烹茗宋王元之有詩

無盡法師天台志陸羽品水以此山瀑布泉為天下第十七水余嘗試飲比余䖏溪蒙泉殊劣余疑鴻漸但得至瀑布泉耳苟徧歴天台當不取金山為第一也

海録陸羽品水以雪水第二十以煎茶滯而太冷也

陸平泉茶寮記唐秘書省中水最佳故名秘水

檀几叢書唐天寶中稠錫禪師名清晏卓錫南嶽磵上泉忽迸石窟間字曰真珠泉師飲之清甘可口曰得此瀹吾鄉桐廬茶不亦稱乎

大觀茶論水以輕清甘潔為美用湯以魚蟹眼連絡迸躍為度

咸淳臨安志棲霞洞内有水洞深不可測水極甘冽魏公嘗調以瀹茗又蓮花院有三井露井最良取以烹茗

清甘寒冽品為小林第一

王氏談録公言茶品高而年多者必稍陳遇有茶處春初取新芽輕炙雜而烹之氣味自復在襄陽試作甚佳甞語君謨亦以為然

歐陽修浮槎水記浮槎與龍池山皆在廬州界中較其味不及浮槎遠甚而又新所記以龍池為第十浮槎之水棄而不錄以此知又新所失多矣陸羽則不然其論曰山水上江次之井為下山水乳泉石池漫流者上其

言雖簡而於論水盡矣

蔡襄茶録茶或經年則香色味皆陳煑時先於淨器中以沸湯漬之刮去膏油去聲一兩重卽止乃以鈐拑之用微火炙乾然後碎碾若當年新茶則不用此說碾時先以淨紙密裹椎碎然後熟碾其大要旋碾則色白如經宿則色昏矣

碾畢卽羅羅細則茶浮麤則沫浮

候湯最難未熟則沫浮過熟則茶沉前世謂之蟹眼者

過熟湯也沉瓶中煑之不可辨故曰候湯最難

茶少湯多則雲脚散湯少茶多則粥面聚建人謂之鈔雲脚粥面

茶一錢七先注湯調令極匀又添注入環廻擊拂湯上

盞可四分則止眂其面色鮮白著盞無水痕為絶佳建

安鬬試以水痕先退者為負耐久者為勝故校勝負之

說曰相去一水兩水

茶有真香而入貢者微以龍腦和膏欲助其香建安民

間試茶皆不入香恐奪其真也若烹點之際又雜以珍

果香草其奪益甚正當不用

陶穀清異録饌茶而幻出物象於湯面者茶匠通神之藝也沙門福全生於金鄉長於茶海能注湯幻茶成一句詩如並點四甌共一首絶句泛於湯表小小物類唾手辦爾檀越日造門求觀湯戲全自咏詩曰生成盞裏水丹青巧畫工夫學不成却笑當時陸鴻漸煎茶贏得好名聲

茶至唐而始盛近世有下湯運匕别施妙訣使湯紋水

脈成物象者禽獸蟲魚花草之屬纖巧如畫但須臾即就散滅此茶之變也時人謂之茶百戲

又有漏影春法用鏤紙貼盞糝茶而去紙僞爲花身别以荔肉爲葉松實鴨脚之類珍物爲蕊沸湯點攪

煮茶泉品予少得温氏所著茶説嘗識其水泉之目有二十焉會西走巴峽經蝦蟇窟北憩蕪城汲蜀岡井東遊故都絶揚子江留丹陽酌觀音泉過無錫斞慧山水粉槍末旗蘇蘭薪桂且鼎且缶以飲以歠莫不瀹氣滌

慮蠲病析酲祛鄙恡之生心招神明而還觀信乎物類之得宜臭味之所感幽人之佳尚前賢之精鑒不可及已昔酈元善於水經而未甞知茶王肅癖於茗飲而言不及水表是二美吾無愧焉

魏泰東軒筆録鼎州北百里有甘泉寺在道左其泉清美最宜瀹茗林麓廻抱境亦幽勝寇萊公謫守雷州經此酌泉誌壁而去未幾丁晋公竄朱崖復經此禮佛留題而行天聖中范諷以殿中丞安撫湖外至此寺覩二

相留題徘徊慨嘆作詩以誌其旁曰平仲酌泉方頓轡
謂之禮佛繼南行層巒下瞰嵐烟路轉使高僧薄寵榮

張邦基墨莊漫録元祐六年七夕日東坡時知揚州與
發運使晁端彦吳倅晁无咎大明寺汲塔院西廊井與
下院蜀井二水校其高下以塔院水為勝

華亭下有寒穴泉與無錫惠山泉味相同並嘗之不覺
有異邑人知之者少王荆公嘗有詩云神震冽冰霜高
穴雪與平空山渟千秋不出鳴咽聲山風吹更寒山月

相與清北客不到此如何洗煩酲

羅大經鶴林玉露余同年友李南金云茶經以魚目湧泉連珠為煮水之節然近世瀹茶鮮以鼎鍑用瓶煮水難以候視則當以聲辨一沸二沸三沸之節又陸氏之法以未就茶鍑故以第二沸為合量而下未若今以湯就茶甌瀹之則當用背二涉三之際為合量也乃為聲辨之詩曰砌蟲唧唧萬蟬催忽有千車捆載來聽得松風并澗水急呼縹色緑磁盃其論固已精矣然瀹茶之

法湯欲嫩而不欲老蓋湯嫩則茶味甘老則過苦矣若聲如松風澗水而遽瀹之豈不過於老而苦哉惟移瓶去火少待其沸止而瀹之然後湯適中而茶味甘此南金之所未講也因補一詩云松風桂雨到來初急引銅瓶離竹爐待得聲聞俱寂後一甌春雪勝醍醐

趙彦衛雲麓漫抄　陸羽别天下水味各立名品有石刻行於世列子云孔子淄澠之合易牙能辨之易牙齊威公大夫淄澠二水易牙知其味威公不信數世皆驗陸

羽豈得其遺意乎

黄山谷集 瀘州大雲寺西偏崖石上有泉滴瀝一州泉味皆不及也

林逋烹北苑茶有懷 石碾輕飛瑟瑟塵乳花烹出建溪春人間絶品應難識閑對茶經憶故人

東坡集予頃自汴入淮泛江泝峽歸蜀飲江淮水蓋彌年既至覺井水腥澀百餘日然後安之以此知江水之甘於井也審矣今來嶺外自揚子始飲江水及至南康

江益清駛水益甘則又知南江賢於北江也近度嶺入
清遠峽水色如碧玉味益勝今游羅浮酌泰禪師錫杖
泉則清遠峽水又在其下矣嶺外惟惠州人喜鬭茶此
水不虛出也
惠山寺東為觀泉亭堂曰漪瀾泉在亭中二井石甃相
去咫尺方圓異形汲者多由圓井蓋方動圓靜靜清而
動濁也流過漪瀾從石龍口出下赴大池者有土氣不
可汲泉流東下不涸張又新品為天下第二泉

避暑録話　裴晉公詩云飽食緩行初睡覺一瓶新茗待兒煎脱中斜倚繩床坐風送水聲來耳邊公為此詩必自以為得意然吾山居七年享此多矣

馮璧東坡海内烹茶圖詩　講筵分賜密雲龍春夢分明覺亦空地惡九鑽黎火洞天游兩腋玉川風

萬花谷　黄山谷有井水帖云取井傍十數小石置瓶中令水不濁故咏慧山泉詩云錫谷寒泉撱石俱是也石圓而長曰撱所以澄水

茶家碾茶須碾著眉上白乃為佳曾茶山詩云碾處須看眉上白分時為見眼中青

輿地紀勝 竹泉在荆州府松滋縣南宋至和初苦竹寺僧浚井得筆後黄庭堅謫黔過之視筆曰此吾蝦蟇碚所墜因知此泉與之相通其詩曰松滋縣西竹林寺苦竹林中甘井泉巴人謾説蝦蟇碚試裹春茶來就煎

周輝清波雜志 余家惠山泉石皆為几案間物親舊東來數問松竹平安信且時致陸子泉茗椀殊不落寞然

頃嵗亦可致於下都但未免瓶盎氣用細砂淋過則如新汲時號折洗惠山泉天台竹瀝水彼地人斷竹稍屈而取之盈甕者雜以他水則亟敗蘇才翁與蔡君謨比茶蔡茶精用惠山泉煑蘇茶劣用竹瀝水煎便能取勝此說見江鄰幾所著嘉祐雜志果爾今喜擊拂者曾無一語及之何也雙井因山谷乃重蘇魏公嘗云平生薦舉不知幾何人唯孟安序朝奉嵗以雙井一瓮為餉蓋公不納苞苴顧獨受此其亦珍之耶

東京記文德殿兩掖有東西上閤門故杜詩云東上閤之東有井泉絶佳山谷憶東坡烹茶詩云閤門井不落第二竟陵谷簾空誤書

陳舜俞廬山記康王谷有水簾飛泉破巖而下者二三十派其廣七十餘尺其高不可計山谷詩云谷簾煮甘露是也

孫月峰坡仙食飲録唐人煎茶多用薑故薛能詩云鹽損添常戒薑宜著更誇據此則又有用鹽者矣近世有

此二物者輒大笑之然茶之中等者用薑煎信佳鹽則不可

馮可賓岕茶牋 茶雖均出於岕有如蘭花香而味甘過霉歷秋開罈烹之其香愈烈味若新沃以湯色尚白者真洞山也他嶰初時亦香秋則索然矣

羣芳譜 世人性情嗜好各殊而茶事則十人而九竹爐火候茗椀清緣煮引風之碧雲傾浮花之雪乳非藉湯勳何昭茶德略而言之其法有五一曰擇水二曰簡器

三曰忌溷四曰慎煮五曰辨色

吴興掌故録　湖州金沙泉至元中中書省遣官致祭一夕水溢溉田千畝賜名瑞應泉

職方志　廣陵蜀岡上有井曰蜀井言水與西蜀相通茶品天下水有二十種而蜀岡水為第七

遵生八牋　凡點茶先須熁盞令熱則茶面聚乳冷則茶色不浮熁音脅火迫也

陳眉公太平清話　余嘗酌中泠劣於惠山殊不可解後

攷之及知陸羽原以廬山谷簾泉為第一山疏云陸羽茶經言瀑瀉湍激者勿食今此水瀑瀉湍激無如矣乃以為第一何也又雲液泉在谷簾側山多雲母泉其液也洪纖如指清冽甘寒遠出谷簾之上乃不得第一又何也又碧琳池東西兩泉皆極甘香其味不減惠山而東泉尤冽

蔡君謨湯取嫩而不取老蓋為團餅茶言耳今旗芽鎗甲湯不足則茶神不透茶色不明故茗戰之捷尤在五沸

徐渭煎茶七類　煮茶非漫浪要須其人與茶品相得故其法往往傳於高流隱逸有煙霞泉石磊塊於胸次間者

品泉以井水爲下井取汲多者汲多則水活

候湯眼鱗鱗起沫餑鼓泛投茗器中初入湯少許俟湯茗相投即滿注雲脚漸開乳花浮面則味全蓋古茶用團餅碾屑味易出葉茶驟則乏味過熟則味昏底滯

張源茶録山頂泉清而輕山下泉清而重石中泉清而

甘砂中泉清而冽土中泉清而厚流動者良於安靜負陰者勝於向陽山削者泉寡山秀者有神真源無味真水無香流於黄石為佳瀉出青石無用

湯有三大辨一曰形辨二曰聲辨三曰捷辨形為内辨聲為外辨捷為氣辨如蝦眼蟹眼魚目連珠皆為萌湯直至湧沸如騰波鼓浪水氣全消方是純熟如初聲轉聲振聲駭聲皆為萌湯直至無聲方是純熟如氣浮一縷二縷三縷及縷亂不分氤氲繚繞皆為萌湯直至氣

直冲貫方是純熟蔡君謨因古人製茶碾磨作餅則見沸而茶神便發此用嫩而不用老也今時製茶不假羅碾全具元體湯須純熟元神始發也

爐火通紅茶銚始上扇起要輕疾待湯有聲稍稍重疾斯文武火之候也若過乎文則水性柔柔則水為茶降過於武則火性烈烈則茶為水制皆不足於中和非茶家之要旨

投茶有序無失其宜先茶後湯曰下投湯半下茶復以

湯滿曰中投先湯後茶曰上投夏宜上投冬宜下投春秋宜中投

不宜用惡木敝器銅匙銅銚木桶柴薪烟煤麩炭粗童惡婢不潔巾帨及各色果實香藥

謝肇淛五雜組　唐薛能茶詩云鹽損添常戒薑宜著更誇煑茶如是味安得佳此或在竟陵翁未品題之先也至東坡和寄茶詩云老妻稚子不知愛一半已入薑鹽煎則業覺其非矣而此習猶在也今江右及楚人尚有以

薑煎茶者雖云古風終覺未典
閩人苦山泉難得多用雨水其味甘不及山泉而清過
之然自淮而北則雨水苦黑不堪煮茗矣惟雪水冬月
藏之入夏用乃絶佳夫雪固雨所凝也宜雪而不宜雨
何哉或曰北方瓦屋不淨多宜穢泥塗塞故耳
古時之茶曰煑曰烹曰煎須湯如蟹眼茶味方中今之
茶惟用沸湯投之稍著火即色黄而味澀不中飲矣廼
知古今煮法亦自不同也

蘇才翁鬬茶用天台竹瀝水乃竹露非竹瀝也若今醫家用火逼竹取瀝斷不宜茶矣

顧元慶茶譜　煎茶四要一擇水二洗茶三候湯四擇品點茶三要一滌器二熁盞三擇果

熊明遇岕山茶記　烹茶水之功居六無山泉則用天水秋雨為上梅雨次之秋雨冽而白梅雨醇而白雪水五穀之精也色不能白養水須置石子於甕不惟益水而白石清泉會心亦不在遠

煮茶圖（局部）

元王蒙畫，立軸，設色紙本，縱 99 厘米，橫 46 厘米。

王蒙（一三〇八—一三八五），元代書畫家。字叔明，號黃鶴山樵。工詩書，尤擅山水畫，與黃公望、吳鎮、倪瓚合稱『元四家』。山水畫融五代董源、巨然和北宋李成、郭熙之法，集諸家之長而自創風格。作品以繁密見勝，畫境深秀蒼鬱、幽邃沉寂。其山水畫藝術可分為草堂山水、書齋山水和隱居山水三個時期，此圖為其晚年的隱居山水，並為其所獨創『水暈墨章』的代表作。

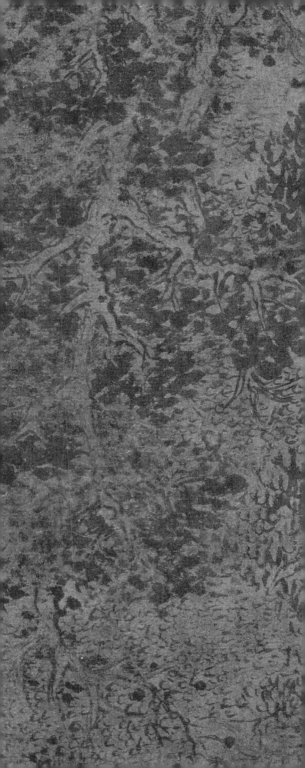

雪庵清史余性好清苦獨與茶宜幸近茶鄉恣我飲啜
乃友人不辨三火三沸法余每過飲非失過老則失太
嫩致令甘香之味蕩然無存蓋誤於李南金之說耳如
羅玉露之論乃為得火候也友曰吾性惟好讀書玩佳
山水作佛事或醉花前不愛水厄故不精於火候昔人
有言釋滯消壅一日之利暫佳瘠氣耗精終身之害斯
大獲益則歸功茶力貽害則不謂茶災甘受俗名緣此
之故噫茶寃甚矣不聞秃翁之言釋滯消壅清苦之益

實多瘠氣耗精情慾之害最大獲益則不謂茶力自害則反謂茶殃且無火候不獨一茶讀書而不得其趣玩山水而不會其情學佛而不破其宗好色而不飲其韻皆無火候者也豈余愛茶而故爲茶吐氣哉亦欲以此清苦之味與故人共之耳

煮茗之法有六要一曰別二曰水三曰火四曰湯五曰器六曰飲有粗茶有散茶有末茶有餅茶有研者有熬者有煬者有舂者余幸得產茶方又兼得烹茶六要每

遇好朋便手自煎烹但顧一甌常及真不用撑腸拄腹文字五千卷也故曰飲之時義大矣哉

田藝蘅煮泉小品　茶南方嘉木日用之不可少者品固有媺惡若不得其水且煮之不得其宜雖佳弗佳也但飲泉覺爽啜茗忘喧謂非膏粱紈袴可語爰著煮泉小品與枕石漱流者商焉

陸羽嘗謂烹茶於所產處無不佳蓋水土之宜也此論誠妙況旋摘旋瀹兩及其新耶故茶譜亦云蒙之中頂

茶若獲一兩以本處水煎服即能祛宿疾是也今武林諸泉惟龍泓入品而茶亦惟龍泓山為最蓋茲山深厚高大佳麗秀越為兩山之主故其泉清寒甘香雅宜煮茶虞伯生詩但見瓢中清翠影落羣岫烹煎黄金芽不取穀雨後姚公綬詩品嘗顧渚風斯下零落茶經奈爾何則風味可知矣又况為葛仙翁煉丹之所哉又其上為老龍泓寒碧倍之其地產茶為南北兩山絶品鴻漸第錢塘天竺靈隱者為下品當未識此耳而郡志亦只

稱寶雲香林白雲諸茶皆未若龍泓清馥雋永也余嘗一一試之求其茶泉雙絶兩浙罕伍云

山厚者泉厚山奇者泉奇山清者泉清山幽者泉幽皆佳品也不厚則薄不奇則蠢不清則濁不幽則喧必無用矣

江公也衆水共入其中也水共則味雜故曰江水次之其水取去人遠者蓋去人遠則湛深而無蕩漾之漓耳

嚴陵瀨一名七里灘蓋沙石上曰瀨曰灘也總謂之浙

江但潮汐不及而且深澄故入陸品耳余嘗清秋泊釣臺下取囊中武夷金華二茶試之固一水也武夷則黃而燥洌金華則碧而清香乃知擇水當擇茶也鴻漸以婺州為次而清臣以白乳為武夷之右今優劣頓反矣意者所謂離其處水功其半者耶

去泉再遠者不能日汲須遣誠實山僮取之以免石頭城下之偽蘇子瞻愛玉女河水付僧調水符以取之亦惜其不得枕流焉耳故曾茶山謝送惠山泉詩有舊時

水遞費經營之句

湯嫩則茶味不出過沸則水老而茶乏惟有花而無衣乃得點瀹之候耳

有水有茶不可以無火非無火也失所宜也李約云茶須活火煎蓋謂炭火之有焰者東坡詩云活水仍將活火烹是也余則以為山中不常得炭且死火耳不若枯松枝為妙遇寒月多拾松實房蓄為煮茶之具更雅

人但知湯候而不知火候火然則水乾是試火當先於

試水也呂氏春秋伊尹說湯五味九沸九變火為之紀

許次杼茶疏　甘泉旋汲用之斯良丙舍在城夫豈易得故宜多汲貯以大甕但忌新器為其火氣未退易於敗水亦易生蟲久用則善最嫌他用水性忌木松杉為甚木桶貯水其害滋甚挈瓶為佳耳

沸速則鮮嫩風逸沸遲則老熟昏鈍故水入銚便須急煑候有松聲即去蓋以息其老鈍蟹眼之後水有微濤是為當時大濤鼎沸旋至無聲是為過時過時老湯決

不堪用

茶注茶銚茶甌最宜蕩滌飲事甫畢餘瀝殘葉必盡去之如或少存奪香敗味每日晨興必以沸湯滌過用極熟麻布向内拭乾以竹編架覆而庋之燥處烹時取用

三人以上止爇一爐如五六人便當兩鼎爐用一童湯方調適若令兼作恐有參差

火必以堅木炭為上然木性未盡尚有餘烟烟氣入湯湯必無用故先燒令紅去其烟焰兼取性力猛熾水乃

易沸既紅之後方授水器乃急扇之愈速愈妙毋令手

停停過之湯寧棄而再烹

茶不宜近陰室厨房市喧小兒啼野性人僮奴相鬨酷

熱齋舍

羅廩茶解茶色白味甘鮮香氣撲鼻乃為精品茶之精

者淡亦白濃亦白初潑白久貯亦白味甘色白其香自

溢三者得則俱得也近來好事者或慮其色重一注之

水投茶數片味固不足香亦窅然終不免水厄之誚雖

然尤貴擇水香以蘭花為上蠶豆花次之

煮茗須甘泉次梅水梅雨如膏萬物賴之滋養其味獨

甘梅後便不堪飲大甕滿貯投伏龍肝一塊以澄之即

竈中心乾土也乘熱投之

李南金謂當背二涉三之際為合量此真賞鑒家言而

羅鶴林懼湯老欲於松風澗水後移瓶去火少待沸止

而瀹之此語亦未中窾殊不知湯既老矣雖去火何救哉

貯水甕須置於陰庭覆以紗帛使晝挹天光夜承星露

則英華不散靈氣常存假令壓以木石封以紙箬暴於日中則內閉其氣外耗其精水神敝矣水味敗矣

考槃餘事 今之茶品與茶經迥異而烹製之法亦與蔡陸諸人全不同矣

始如魚目微微有聲為一沸緣邊湧泉如連珠為二沸奔濤濺沫為三沸其法非活火不成若薪火方交水釜纔熾急取旋傾水氣未消謂之嫩若人過百息水踰十沸始取用之湯已失性謂之老老與嫩皆非也

夷門廣牘虎卯石泉舊居第三漸品第五以石泉渟泓皆雨澤之積滲竇之潢也況闔廬墓隧當時石工多閟死僧衆上棲不能無穢濁滲入雖名陸羽泉非天然水道家服食禁屍氣也

六硯齋筆記武林西湖水取貯大缸澄淀六七日有風雨則覆晴則露之使受日月星之氣用以烹茶甘渟有味不遜慧麓以其溪谷奔注涵浸凝渟非復一水取精多而味自足耳以是知凡有湖陂大浸處皆可貯以取

澄絶勝淺流陰井昏滯腥薄不堪點試也古人好奇飲中作百花熟水又作五色飲及冰蜜糖藥種種各殊余以為皆不足尚如值精茗適乏細劚松枝瀹湯漱嚥而已

竹嬾茶衡

處處茶皆有然勝處未暇悉品姑據近道日御者虎邱氣芳而味薄乍入盎菁英浮動鼻端拂拂如蘭初析經喉吻亦快然然必惠麓水甘醇足佐其寡薄龍井味極腆厚色如淡金氣亦沉寂而咀嚥之久鮮腴潮舌又必藉虎跑空寒熨齒之泉發之然後飲者領雋

永之滋無昏滞之患耳

松雨齋運泉約 吾輩竹雪神期松風齒頰暫隨飲啄人間終擬消揺物外名山未即塵海何辭然而搜奇煉句液瀝易枯滌滞洗蒙茗泉不廢月團三百喜折魚緘槐火一篝驚翻蟹眼陸季疵之著述既奉典型張又新之編摩能無鼓吹昔衛公宦達中書頗煩遞水杜老潛居夔峽險叫濕雲今者環處惠麓踰二百里而遥問渡松陵不三四日而致登新捐舊轉手妙若轆轤取便費廉

用力省於桔槔凡吾清士咸赴嘉盟

運惠水每罈償舟力費銀三分　水罈罈價及罈蓋

自備不計　水至走報各友令人自擡　每月上旬

斂銀中旬運水月運一次以致清新

願者書號於左以便登册併開罈數如數付銀

某月某日付　　松雨齋主人謹訂

岕茶彙鈔烹時先以上品泉水滌烹器務鮮務潔次以

熱水滌茶葉水若太滚恐一滌味損當以竹筯夾茶於

滌器中反覆洗蕩去塵土黄葉老梗既盡乃以手搦乾置滌器内蓋定少刻開眎色青香冽急取沸水潑之夏先貯水入茶冬先貯茶入水

茶色貴白然白亦不難泉清瓶潔葉少水洗旋烹旋啜其色自白然真味抑鬱徒為目食耳若取青緑則天池松蘿及岕之最下者雖冬月色亦如苔衣何足為妙若余所收真洞山茶自穀雨後五日者以湯薄澣貯壺良久其色如玉至冬則嫩緑味甘色淡韻清氣醇亦作嬰

兒肉香而芝芬浮蕩則虎卯所無也

洞山茶系 岕茶德全策勲惟歸洗控沸湯潑葉即起洗鬲斂其岀液俟湯可下指即下洗鬲排蕩沙沫復起併指控乾閉之茶藏候投蓋他茶欲按時分投惟岕既經洗控神理緜緜止須上投耳

天下名勝志 宜興縣湖㳄鎮有於潛泉竇穴濶二尺許狀如井其源洑流潛通味頗甘冽唐修茶貢此泉亦遞進

洞庭縹緲峰西北有水月寺寺東入小青塢有泉瑩澈

甘涼冬夏不涸宋李彌大名之曰無礙泉

安吉州碧玉泉為冠清可鑒髮香可瀹茗

徐獻忠水品泉甘者試稱之必厚重其所由來者遠大

使然也江中南零水自岷江發源數千里始澄於兩石

間其性亦重厚故甘也

處士茶經不但擇水其火用炭或勁薪其炭曾經燔為

腥氣所及及膏木敗器不用之古人辨勞薪之味殆有

旨也

山深厚者雄大者氣盛麗者必出佳泉

張大復梅花筆談　茶性必發于水八分之茶遇十分之水茶亦十分矣八分之水試十分之茶茶只八分耳

巖棲幽事　黄山谷賦洶洶乎如澗松之發清吹浩浩乎如春空之行白雲可謂得煎茶三昧

劒掃　煎茶乃韻事須人品與茶相得故其法往往傳於高流隱逸有烟霞泉石磊塊胸次者

湧幢小品　天下第四泉在上饒縣北茶山寺唐陸鴻漸

寓其地即山種茶酌以烹之品其等為第四邑人尚書

楊麒讀書於此因取以為號

余在京三年取汲德勝門外水烹茶最佳

大内御用井亦西山泉脉所灌真天漢第一品陸羽所

不及載

俗語芒種逢壬便入霉霉後積水烹茶甚香洌可久藏

一交夏至便迥别矣試之良驗

家居苦泉水難得自以意取尋常水煮滚入大磁缸置

庭中避日色俟夜天色皎潔開鋼受露凡三夕其清澈底積垢二三寸亟取出以罈盛之烹茶與惠泉無異

聞龍它泉記吾鄉四鄙皆山泉水在在有之然皆淡而不甘獨所謂它泉者其源出自四明自洞抵埭不下三數百里水色蔚藍素砂白石粼粼見底清寒甘滑甲於郡中

玉堂茶語黄諫常作京師泉品郊原玉泉第一京城文華殿東大庖井第一後謫廣州評泉以雞爬井為第一

更名學士泉

吴栻云武夷泉出南山者皆潔洌味短北山泉味迴别蓋兩山形似而脉不同也予攜茶具共訪得三十九處其最下者亦無硬洌氣質

王新城隴蜀餘聞百花潭有巨石三水流其中汲之煎茶清洌異於他水

居易録濟源縣段少司空園是玉川子煎茶處中有二泉或曰玉泉去盤谷不十里門外一水曰漭水出王屋

山按通志玉泉在龍水上盧仝煎茶於此今水經注不載

分甘餘話一水水名也酈元水經注渭水又東會一水發源吳山地里志吳山古汧山也山下石穴水溢石空懸波側注按此即一水之源在靈應峰下所謂西鎮靈湫是也余丙子祭告西鎮常品茶於此味與西山玉泉極相似

古夫于亭雜録唐劉伯芻品水以中泠為第一惠山虎邱次之陸羽則以康王谷為第一而次以惠山古今耳

食者遂以為不易之論其實二子所見不過江南數百
里内之水遠如峽中蝦蟇碚纔一見耳不知大江以北
如吾郡發地皆泉其著名者七十有二以之烹茶皆不
在惠泉之下宋李文叔格非郡人也嘗作濟南水記與
洛陽名園記並傳惜水記不存無以正二子之陋耳謝
在杭品平生所見之水首濟南趵突次以益都孝婦泉（在顏神鎮）
青州范公泉而尚未見章丘之百脈泉右皆吾郡
之水二子何嘗多見予嘗題王秋史（苹）二十四泉草堂

云翻憐陸鴻漸跬步限江東正此意也

陸次雲湖壖雜記　龍井泉從龍口中瀉出水在池内其氣恬然若遊人注視久之忽波瀾湧起如欲雨之狀

張鵬翮奉使日記　葱嶺乾澗側有舊二井從旁掘地七八尺得水甘洌可煮茗字之曰塞外第一泉

廣輿記　永平灤州有扶蘇泉甚甘洌秦太子扶蘇嘗憩此

江寧攝山千佛嶺下石壁上刻隸書六字曰白乳泉試茶亭

鍾山八功德水一清二冷三香四柔五甘六淨七不饐
八蠲疴

丹陽玉乳泉唐劉伯芻論此水為天下第四

寧州雙井在黄山谷所居之南汲以造茶絶勝他處杭
州孤山下有金沙泉唐白居易嘗酌此泉甘美可愛視
其地沙光燦如金因名

安陸府沔陽有陸子泉一名文學泉唐陸羽嗜茶得泉
以試故名

增訂廣輿記 玉泉山泉出石罅間因鑿石為螭頭泉從口出味極甘美潴為池廣三丈東跨小石橋名曰玉泉垂虹

武夷山志 山南虎嘯巖語兒泉濃若停膏瀉杯中鑑毛髮味甘而博啜之有軟順意次則天柱三敲泉而茶園喊泉又可伯仲矣北山泉味迥別小桃源一泉高地尺許汲不可竭謂之高泉純遠而逸致韻雙發愈啜愈想愈深不可以味名也次則接筍之仙掌露其最下者亦

無硬冽氣質

中山傳信録琉球烹茶以茶末雜細粉少許入碗沸水半甌用小竹帚攪數十次起沫滿甌面為度以敬客且有以大螺殻烹茶者

隨見録安慶府宿松縣東門外孚玉山下福昌寺旁井曰龍井水味清甘瀹茗甚佳質與溪泉較重

續茶經卷下之一

欽定四庫全書

續茶經卷下之二

侯補主事陸廷燦撰

六之飲

盧仝茶歌日高丈五睡正濃軍將扣門驚周公口傳諫議送書信白絹斜封三道印開緘宛見諫議面手閱月團三百片聞道新年入山裏蟄蟲驚動春風起天子未嘗陽羨茶百草不敢先開花仁風暗結珠蓓蕾先春抽

出黄金芽摘鮮焙芳旋封裹至精至好且不奢至尊之餘合王公何事便到山人家柴門反關無俗客紗帽籠頭自煎吃碧雲引風吹不斷白花浮光凝椀面一椀喉吻潤二椀破孤悶三椀搜枯腸惟有文字五千卷四椀發輕汗平生不平事盡向毛孔散五椀肌骨清六椀通仙靈七椀吃不得也唯覺兩腋習習清風生

唐馮贄記事珠　建人謂鬭茶曰茗戰

北堂書抄　杜育荈賦云茶能調神和内解倦除慵

續博物志南人好飲茶孫皓以茶與韋曜代酒謝安詣陸納設茶果而已北人初不識此唐開元中泰山靈巖寺有降魔師教學禪者以不寐法令人多作茶飲因以成俗

大觀茶論點茶不一以分輕清重濁相稀稠得中可欲則止桐君錄云若有餑飲之宜人雖多不為貴也

夫茶以味為上香甘重滑為味之全北苑壑源之品兼之卓絶之品真香靈味自然不同

茶有真香非龍麝可擬要須蒸熟而壓之及乾而研研細而造則和美具足入盞則馨香四達秋爽洒然

點茶之色以純白為上真青白為次灰白次之黄白又次之天時得於上人力盡於下茶必純白青白者蒸壓微生灰白者蒸壓過熟壓膏不盡則色青暗焙火太烈則色昏黑

蘇文忠集予去黄十七年復與彭城張聖途丹陽陳輔之同來院僧梵英葺治堂宇比舊加嚴潔茗飲芳冽子

問此新茶耶英曰茶性新舊交則香味復予嘗見知琴者言琴不百年則桐之生意不盡緩急清濁嘗與雨暘寒暑相應此理與茶相近故并記之

王燾集外臺秘要有代茶飲子詩云格韻高絶惟山居逸人乃當作之予嘗依法治服其利膈調中信如所云而其氣味乃一帖煑散耳與茶了無干涉

月兔茶詩環非環玦非玦中有迷離玉兔兒一似佳人裙上月月圓還缺缺還圓此月一缺圓何年君不見鬭

茶公子不忍鬭小團上有雙銜綬帶雙飛鸞

坡公嘗遊杭州諸寺一日飲釅茶七椀戲書云示病維

摩原不病在家靈運已忘家何須魏帝一丸藥且盡盧

仝七椀茶

侯鯖録東坡論茶除煩去膩世固不可一日無茶然闇

中損人不少故或有忌而不飲者昔人云自茗飲盛後

人多患氣患黄雖損益相半而消陰助陽益不償損也

吾有一法常自珍之每食已輒以濃茶漱口煩膩既去

而脾胃不知凡肉之在齒閒得茶漱滌乃盡消縮不覺脫去毋煩挑刺也而齒性便苦緣此漸堅密蠹疾自已矣然率用中茶其上者亦不常有閒數日一啜亦不為害也此大是有理而人罕知者故詳述之

白玉蟾茶歌味如甘露勝醍醐服之頓覺沉疴甦身輕便欲登天衢不知天上有茶無

唐庚鬬茶記政和三年三月壬戌二三君子相與鬬茶於寄傲齋予為取龍塘水烹之而第其品吾聞茶不問

團銙要之貴新水不問江井要之貴活千里致水偽固不可知就令識真已非活水今我提瓶走龍塘無數千步此水宜茶昔人以為不減清遠峽每歲新茶不過三月至矣罪戾之餘得與諸公從容談笑于此汲泉煮茗以取一時之適此非吾君之力歟

蔡襄茶録茶色貴白而餅茶多以珍膏油去聲其面故有青黄紫黑之異善别茶者正如相工之視人氣色也隱然察之于内以肉理潤者為上既已末之黄白者受水

昏重青白者受水詳明故建安人鬬試以青白勝黄白

張淏雲谷雜記飲茶不知起于何時歐陽公集古録跋云茶之見前史蓋自魏晉以來有之予按晏子春秋嬰相齊景公時食脱粟之飯炙三戈五卵茗菜而已又漢王褒僮約有五陽一作武都買茶之語則魏晉之前已有之矣但當時雖知飲茶未若後世之盛也考郭璞注爾雅云樹似梔子冬生葉可煮作羹飲然茶至冬味苦豈可復作羹飲耶飲之令人少睡張華得之以為異聞遂載

之博物志非但飲茶者鮮識茶者亦鮮至唐陸羽著茶經三篇言茶甚備天下益知飲茶其後尚茶成風回紇入朝始驅馬市茶德宗建中間趙贊始興茶稅興元初雖詔罷貞元九年張滂復奏請歲得緡錢四十萬今乃與鹽酒同佐國用所入不知幾倍于唐矣

品茶要録　余嘗論茶之精絶者其白合未開其細如麥葢得青陽之輕清者也又其山多帶砂石而號佳品者皆在山南葢得朝陽之和者也余嘗事閒乘晷景之明

淨適亭軒之瀟灑一一皆取品試既而神水生於華池愈甘而新其有助乎昔陸羽號為知茶然羽之所知者皆今之所謂茶草何哉如鴻漸所論蒸筍併葉畏流其膏蓋草茶味短而淡故常恐去其膏建茶力厚而甘故惟欲去其膏又論福建為未詳往往得之其味極佳由是觀之鴻漸其未至建安歟

謝宗論茶候蟾背之芳香觀蝦目之沸湯故細漚花泛浮餑雲騰昏俗塵勞一啜而散

黄山谷集品茶一人得神二人得趣三人得味六七人是名施茶

沈存中夢溪筆談芽茶古人謂之雀舌麥顆言其至嫩也今茶之美者其質素良而所植之土又美則新芽一發便長寸餘其細如鍼惟芽長為上品以其質幹土力皆有餘故也如雀舌麥顆者極下材耳乃北人不識誤為品題予山居有茶論且作嘗茶詩云誰把嫩香名雀舌定來北客未曾嘗不知靈草天然異一夜風吹一寸長

遵生八牋茶有真香有佳味有正色烹點之際不宜以珍果香草雜之奪其香者松子柑橙蓮心木瓜梅花茉莉薔薇木樨之類是也奪其色者柹餅膠棗火桃楊梅橘餅之類是也凡飲佳茶去果方覺清絶雜之則味無辨矣若欲用之所宜則惟核桃榛子瓜仁杏仁欖仁栗子雞頭銀杏之類或可用也

徐渭煎茶七類茶入口先須灌漱次復徐啜俟甘津潮舌乃得真味若雜以花果則香味俱奪矣

飲茶宜涼臺靜室明牕曲几僧寮道院松風竹月晏坐行吟清談把卷

飲茶宜翰卿墨客緇衣羽士逸老散人或軒冕中之超軼世味者

除煩雪滯滌醒破睡譚渴書倦是時茗椀策勲不減凌烟

許次杼茶疏　握茶手中俟湯入壺隨手投茶定其浮沉然後瀉啜則乳嫩清滑而馥郁于鼻端病可令起疲可

令爽

一壺之茶只堪再巡初巡鮮美再巡甘醇三巡則意味盡矣余嘗與客戲論初巡為婷婷嫋嫋十三餘再巡為碧玉破瓜年三巡以來綠葉成陰矣所以茶注宜小小則再巡已終寧使餘芬剩馥尚留葉中猶堪飯後供啜嗽之用

人必各手一甌毋勞傳送再巡之後清水滌之

若巨器屢巡滿中瀉飲待停少温或求濃苦何異農匠

作勞但資口腹何論品賞何知風味乎

煮茶小品 唐人以對花啜茶為殺風景故王介甫詩云金谷千花莫漫煎其意在花非在茶也余意以為金谷花前信不宜矣若把一甌對山花啜之當更助風景又何必羔兒酒也

茶如佳人此論最妙但恐不宜山林間耳昔蘇東坡詩云從來佳茗似佳人曾茶山詩云移人尤物衆談誇是也

若欲稱之山林當如毛女麻姑自然仙手道骨不浼煙霞若夫桃臉柳腰亟宜屏諸銷金帳中毋令汙我泉石

茶之團者片者皆出於碾磑之末旣損真味復加油垢即非佳品要不若今之芽茶也蓋天然者自勝耳曾茶山日鑄茶詩云寳銙自不乏山芽安可無蘇子瞻壑源試焙新茶詩云要知玉雪心腸好不是膏油首面新是也且末茶瀹之有屑滯而不爽知味者當自辨之

煮茶得宜而飲非其人猶汲乳泉以灌蒿蕕罪莫大焉

飲之者一吸而盡不暇辨味俗莫甚焉

人有以梅花菊花茉莉花薦茶者雖風韻可賞究損茶味如品佳茶亦無事此今人薦茶類下茶果此尤近俗是縱佳者能損茶味亦宜去之且下果則必用匙若金銀大非山居之器而銅又生鉎皆不可也若舊稱北人和以酥酪蜀人入以白土此皆蠻飲固不足責

羅廩茶解茶通仙靈然有妙理

山堂夜坐汲泉煮茗至水火相戰如聽松濤傾瀉入杯

雲光瀲灧此時幽趣故難與俗人言矣

顧元慶茶譜品茶八要一品二泉三烹四器五試六候七侶八勛

張源茶録飲茶以客少為貴衆則喧喧則雅趣乏矣獨啜曰幽二客曰勝三四曰趣五六曰汎七八曰施釃不宜早飲不宜遲釃早則茶神未發飲遲則妙馥先消

雲林遺事倪元鎮素好飲茶在惠山中用核桃松子肉和真粉成小磈如石狀置于茶中飲之名曰清泉白石

茶

聞龍茶牋東坡云蔡君謨嗜茶老病不能飲日烹而玩之可發來者之一笑也孰知千載之下有同病焉余嘗有詩云年老耽彌甚脾寒量不勝去烹而玩之者幾希矣因憶老友周文甫自少至老茗椀薰爐無時暫廢飲茶日有定期旦明晏食禺中晡時下舂黄昏凡六舉而客至烹點不與焉壽八十五無疾而卒非宿植清福烏能畢世安享視好而不能飲者所得不既多乎嘗蓄一

龔春壺摩挲寶玩不啻掌珠用之既久外類紫玉内如
碧雲真奇物也後以殉葬
快雪堂漫録 昨同徐茂吳至老龍井買茶山民十數家
各出茶茂吳以次點試皆以為贋曰真者甘香而不冽
稍冽便為諸山贋品得一二兩以為真物試之果甘香
若蘭而山民及寺僧反以茂吳為非吾亦不能置辨偽
物亂真如此茂吳品茶以虎邱為第一常用銀一兩餘
購其斤許寺僧以茂吳精鑒不敢相欺他人所得雖厚

價亦贗物也子晉云本山茶葉微帶黑不甚青翠點之色白如玉而作寒豆香宋人呼為白雲茶稍緑便為天池物天池茶中雜數莖虎邱則香味迥别虎邱其茶中王種耶岕茶精者庶幾妃后天池龍井便為臣種其餘則民種矣

熊明遇岕山茶記茶之色重味重香重者俱非上品松羅香重六安味苦而香與松羅同天池亦有草莱氣龍井如之至雲霧則色重而味濃矣嘗啜虎邱茶色白而

香似嬰兒肉真稱精絶

邢士襄茶説夫茶中着料碗中着果譬如玉貌加脂蛾眉染黛翻累本色矣

馮可賓岕茶牋茶宜無事佳客幽坐吟咏揮翰倘佯睡起宿酲清供精舍會心賞鑒文僮茶忌不如法惡具主客不韻冠裳苛禮葷肴雜陳忙冗壁間案頭多惡趣

謝在杭五雜組昔人謂揚子江心水蒙山頂上茶蒙山在蜀雅州其中峰頂尤極險穢虎狼蛇虺所居采得其

茶可蠲百疾今山東人以蒙陰山下石衣為茶當之非矣然蒙陰茶性亦冷可治胃熱之病

凡花之奇香者皆可點湯遵生八箋云芙蓉可為湯然今牡丹薔薇玫瑰桂菊之屬采以為湯亦覺清遠不俗但不若茗之易致耳

北方柳芽初茁者采之入湯云其味勝茶曲阜孔林楷木其芽可以烹飲閩中佛手柑橄欖為湯飲之清香色味亦旗槍之亞也又或以菉豆微炒投沸湯中傾之其

色正綠香味亦不減新茗偶宿荒村中覔茗不得者可以此代也

穀山筆麈六朝時北人猶不飲茶至以酪與之較惟江南人食之甘至唐始興茶稅宋元以來茶目遂多然皆蒸乾為末如今香餅之製乃以入貢非如今之食茶止采而烹之也西北飲茶不知起於何時本朝以茶易馬西北以茶為藥療百病皆瘥此亦前代所未有也

金陵瑣事思屯乾道人見萬鏃手軟膝酸云係五藏皆

火不必服樂惟武夷茶能解之茶以東南枝者佳採得烹以澗泉則茶竪立若以井水即横

六研齋筆記茶以芳洌洗神非讀書談道不宜褻用然非真正契道之士茶之韻味亦未易評量嘗笑時流持論貴嘶聲之曲無色之茶嘶近於啞古之遶梁遏雲竟成鈍置茶若無色芳洌必減且芳與鼻觸洌以舌受色之有無目之所審根境不相攝而取衷於彼何其悖耶何其謬耶

虎邱以有芳無色擅茗事之品顧其馥郁不勝蘭芷止與新剝荳花同調鼻之消受亦無幾何至於入口淡於勻水清冷之淵何地不有乃煩有司章程作僧流棰楚哉

紫桃軒雜綴

天目清而不醨苦而不螫正堪與緇流漱滌筍蕨石瀨則太寒儉野人之飲耳松羅極精者方堪入供亦濃辣有餘甘芳不足恰如多財賈人縱復藴藉不免作蒜酪氣分水貢芽出本不多大葉老根潑之不動入水煎成番有奇味薦此茗時如得千年松柏根作

石鼎薰燎乃足稱其老氣

雞蘇佛橄欖仙宋人咏茶語也雞蘇即薄荷上口芳辣橄欖久咀回甘合此二者庶得茶蘊曰仙曰佛當於空玄虛寂中嘿嘿證入不具是舌根者終難與說也

賞名花不宜更度曲烹精茗不必更焚香恐耳目口鼻互牽不得全領其妙也

精茶不宜潑飯更不宜沃醉以醉則燥渴將滅裂吾上味耳精茶豈止當為俗客吝倘是日汨汨塵務無好意

緒即烹就寧俟冷以灌蘭斷不令俗腸汙吾茗君也

羅山廟后岕精者亦芬芳回甘但嫌稍濃乏雲露清空之韻以兄虎卯則有餘以父龍井則不足

天地通俗之才無遠韻亦不致嘔噦寒月諸茶黖黮無色而彼獨翠緑媚人可念也

屠赤水云茶於穀雨候晴明日采製者能治痰嗽療百疾

類林新咏顧彦先曰有味如臑飲而不醉無味如茶飲而醒焉醉人何用也

徐文長秘集致品　茶宜精舍宜雲林宜磁瓶宜竹竈宜幽人雅士宜衲子仙朋宜永晝清談宜寒宵兀坐宜松月下宜花鳥間宜清流白石宜綠蘚蒼苔宜素手汲泉宜紅粧掃雪宜船頭吹火宜竹裏飄煙

芸窗清玩　茅一相云余性不能飲酒而獨躭味於茗清泉白石可以濯五臟之汚可以澄心氣之哲服之不已覺兩腋習習清風自生吾讀醉鄉記未嘗不神遊焉而間與陸鴻漸蔡君謨上下其議則又爽然自釋矣

三才藻異雷鳴茶產蒙山中頂雷發收之服三兩換骨四兩為地仙

閒雁齋筆記趙長白自言吾生平無他幸但不曾飲井水耳此老於茶可謂能盡其性者今亦老矣甚窮大都不能如曩時猶摩挲萬卷中作茶史故是天壤間多情人也

袁宏道瓶花史賞花茗賞者上也譚賞者次也酒賞者下也

茶譜博物志云飲真茶令人少眠此是實事但茶佳乃效且須末茶飲之如葉烹者不效也

太平清話琉球國亦時烹茶設古鼎於几上水將沸時投茶末一匙以湯沃之少頃奉飲味甚清香

藜牀瀋餘長安婦女有好事者曾侯家睹彩牋曰一輪初滿萬戶皆清若乃狎處衾幃不惟辜負蟾光竊恐嫦娥生妒涓于十五十六二宵聯女伴同志者一茗一爐相從卜夜名曰伴嫦娥凡有氷心竚垂玉允朱門龍氏

拜啟陸濬源

沈周跋茶録　樵海先生真隱君子也平日不知朱門為何物日偃仰於青山白雲堆中以一瓢消磨半生蓋實得品茶三昧可以羽翼桑苧翁之所不及即謂先生為茶中董狐可也

王晫快説續記　春日看花郊行一二里許足力小疲口亦少渴忽逢解事僧邀至精舍未通姓名便進佳茗踞竹牀連啜數甌然後言别不亦快哉

衛泳枕中秘　讀罷吟餘竹外茶煙輕颺花深酒後鐺中聲響初浮箇中風味誰知盧居士可與言者心下快活自省黄宜州豈欺我哉

江之蘭文房約　詩書涵聖脈草木棲神明一草一木當其含香吐艷倚檻臨窗真足賞心悦目助我幽思亟宜烹蒙頂石花悠然啜飲

扶輿流瀣往來於奇峰怪石間結成佳茗故幽人逸士紗帽籠頭自煎自喫車聲羊腸無火候茍飲不盡且㗐

棄之是又呼陸羽為茶博士之流也

高士奇天禄識餘飲茶或云始於梁天監中見洛陽伽藍記非也按吳志韋曜傳孫皓每讌饗無不竟日曜不能飲密賜茶荈以當酒如此言則三國時已知飲茶矣逮唐中世榷茶遂與煮海相抗迄今國計賴之

王復禮茶説花晨月夕賢主嘉賓縱談古今品茶次第天壤間更有何樂奚俟膾鯉炰羔金罍玉液痛飲狂呼始為得意也范文正公云露芽錯落一番榮綴玉含珠

散嘉樹鬬茶味兮輕醍醐鬬茶香兮薄蘭芷沈心齋云香舍玉女峰頭露潤帶珠簾洞口雲可稱岩茗知已

陳鑑虎邱茶經注補　鑑親采數嫩葉與茶侣湯愚公小焙烹之真作荳花香昔之鬻虎邱茶者盡天池也

陳鼎滇黔紀遊　貴州羅漢洞深十餘里中有泉一泓其如黝甘香清冽煮茗則色如渥丹飲之唇齒皆赤七日乃復

瑞草論云　茶之為用味寒若熱渴凝悶胸目澀四肢煩

百節不舒聊四五啜與醍醐甘露抗衡也

本草拾遺茗味苦微寒無毒治五臓邪氣益意思令人少卧能輕身明目去痰消渴利水道

蜀雅州名山茶有露鋑芽籛芽皆云火前者言采造於禁火之前也火後者次之又有枳殼芽枸杞芽枇杷芽皆治風疾又有皂莢芽槐芽柳芽乃上春摘其芽和茶作之故今南人輸官茶往往雜以衆葉惟茅蘆竹箬之類不可以入茶自餘山中草木芽葉皆可和合而椿柿

葉尤奇真茶性極冷惟雅州蒙頂出者温而主療疾

李時珍本草服葳靈仙土茯苓者忌飲茶

[illegible]療治方氣虛頭痛用上春茶末調成膏置瓦盞內覆轉以巴豆四十粒作一次燒烟燻之曬乾乳細每服一匙別入好茶末食後煎服立効　又赤白痢下以好茶一斤炙擣為末濃煎一二盞服久痢亦宜　又二便不通好茶生芝蔴各一撮細嚼滚水沖下即通屢試立效如嚼不及擂爛滚水送

隨見録蘇文忠集載憲宗賜馬總治泄痢腹痛方以生
薑和皮切碎如粟米用一大錢并草茶相等煎服元祐
二年文潞公得此疾百藥不效服此方而愈

續茶經卷下之二

欽定四庫全書

續茶經卷下之三

候補主事陸廷燦撰

七之事

晉書温嶠表遣取供御之調條列真上茶千片茗三百大薄

洛陽伽藍記王肅初入魏不食羊肉及酪漿等物常飯鯽魚羮渴飲茗汁京師士子道肅一飲一斗號為漏卮

後數年高祖見其食羊肉酪粥甚多謂肅曰羊肉何如魚羮茗飲何如酪漿肅對曰羊者是陸産之最魚者乃水族之長所好不同並各稱珍以味言之甚是優劣羊比齊魯大邦魚比邾莒小國唯茗不中與酪作奴高祖大笑彭城王勰謂肅曰卿不重齊魯大邦而愛邾莒小國何也肅對曰鄉曲所美不得不好彭城王復謂曰卿明日顧我為卿設邾莒之食亦有酪奴因此呼茗飲為酪奴時給事中劉縞慕肅之風專習茗飲彭城王謂縞

曰卿不慕王侯八珍而好蒼頭水厄海上有逐臭之夫里内有學顰之婦以卿言之即是也葢彭城王家有吳奴故以此言戲之後梁武帝子西豐侯蕭正德歸降時元乂欲為設茗先問卿於水厄多少正德不曉乂意答曰下官生於水鄉而立身以來未遭陽侯之難元乂與舉坐之客皆笑焉

海錄碎事晉司徒長史王濛字仲祖好飲茶客至輙飲之士大夫甚以為苦每欲候濛必云今日有水厄

續搜神記桓宣武有一督將因時行病後虛熱更能飲複茗一斛二斗乃飽纔減升合便以為不足非復一日家貧後有客造之正遇其飲複茗亦先聞世有此病仍令更進五升乃大吐有一物出如升大有口形質縮縐狀似牛肚客乃令置之於盆中以一斛二斗複澆之此物噏之都盡而止覺小脹又增五升便悉混然從口中湧出既吐此物其病遂瘥或問之此何病客答云此病名斛二瘕

潛確類書進士權紓文云隋文帝微時夢神人易其腦骨自爾腦痛不止後遇一僧曰山中有茗草煮而飲之當愈帝服之有效由是人競采啜因為之贊其略曰窮春秋演河圖不如載茗一車

唐書太和七年罷吳蜀冬貢茶太和九年王涯獻茶以涯為榷茶使茶之有税自涯始十二月諸道鹽鐵轉運榷茶使令狐楚奏榷茶不便於民從之

陸龜蒙嗜茶置園顧渚山下歲取租茶自判品第張

又新為水說七種其二惠山泉三虎邱井六淞江水人
助其好者雖百里為致之日登舟設蓬席齋束書茶竈
筆牀釣具往來江湖間俗人造門罕覯其面時謂江湖
散人或號天隨子甫里先生自比涪翁漁父江上丈人
後以高士徵不至
國史補故老云五十年前多患熱黄坊曲有專以烙黄
為業者灞滻諸水中常有晝坐至暮者謂之浸黄近代
悉無而病腰腳者多乃飲茶所致也

韓晉公滉聞奉天之難以夾練囊盛茶末遣健步以進

黨魯使西番烹茶帳中番使問何為者魯曰滌煩消渴所謂茶也番使曰我亦有之命取出以示曰此壽州者此顧渚者此蘄門者

唐趙璘因話録陸羽有文學多奇思無一物不盡其妙茶術最著始造煎茶法至今鬻茶之家陶其像置煬突間祀為茶神云宜茶足利鞏縣為瓷偶人號陸鴻漸買十茶器得一鴻漸市人沽茗不利輒灌注之復州一老

僧是陸僧弟子常誦其六羨歌且有追感陸僧詩

唐吳晦摭言鄭光業策試夜有同人突入吳語曰必先必先可相容否先業為輟半鋪之地其人曰仗取一杓水更託煎一椀茶先業欣然為取水煎茶居二日光業狀元及第其人啓謝曰既煩取水更便煎茶當時不識貴人凡夫肉眼今日俄為後進窮相骨頭

唐李義山雜纂富貴相擣藥碾茶聲

唐馮贄烟花記建陽進茶油花子餅大小形製各别極

可愛宫嬪縷金於面皆以淡粧以此花餅施於鬢上時
號北苑粧
唐玉泉子崔蠡知制誥丁太夫人憂居東都里第時尚
苦節嗇四方寄遺茶藥而已不納金帛不異寒素
顔魯公帖廿九日南寺通師設茶會咸來静坐離諸煩
惱亦非無益足下此意語虞十一不可自外耳顔真卿
頓首頓首
開元遺事逸人王休居太白山下日與僧道異人往還

每至冬時取溪氷敲其晶瑩者煮建茗共賔客飲之

李鄴侯家傳皇孫奉節王好詩初煎茶加酥椒之類遺泌求詩泌戲賦云旋沫翻成碧玉池添酥散出琉璃眼奉節王即德宗也

中朝故事有人授舒州牧贊皇公德裕謂之曰到彼郡日天柱峯茶可惠數角其人獻數十斤李不受明年罷郡用意精求獲數角投之李閲而受之曰此茶可以消酒食毒乃命烹一觥沃於肉食内以銀合閉之詰旦視

其肉已化爲水矣衆服其廣識

段公路北戸録前朝短書雜説呼茗爲薄爲夾又梁

科律有薄茗千夾云云

唐蕪鶨杜陽雜編唐德宗每賜同昌公主饌其茶有緑

華紫英之號

鳳翔退耕傳元和時館閣湯飲待學士者煎麒麟草

温庭筠採茶録李約字存博汧公子也一生不近粉黛

雅度簡遠有山林之致性嗜茶能自煎嘗謂人曰當使

湯無妄沸庶可養茶始則魚目散布微微有聲中則四際泉湧纍纍若貫珠終則騰波鼓浪水氣全消此謂老湯三沸之法非活火不能成也客至不限甌數竟日爇火執持茶器弗倦曾奉使行至陜州硤石縣東愛其渠水清流旬日忘發

南部新書杜豳公悰位極人臣富貴無比嘗與同列言平生不稱意有三其一為澧州刺史其二貶司農卿其三自西川移鎮廣陵舟次瞿塘為駭浪所驚左右呼喚

不至渴甚自潑湯茶喫也

大中三年東都進一僧年一百二十歲宣皇問服何藥而致此僧對曰臣少也賤不知藥性本好茶至處惟茶是求或出日過百餘椀如常日亦不下四五十椀因賜茶五十斤令居保壽寺名飲茶所曰茶寮

有胡生者失其名以釘鉸為業居雲溪而近白蘋洲去厥居十餘步有古墳胡生每瀹茗必奠酹之嘗夢一人謂之曰吾姓柳平生善為詩而嗜茗及死葬室在子今

居之側常嗣子之惠無以為報欲教子為詩胡生辭以不能柳强之曰但率子言之當有致矣既寤試構思果若有冥助者厥後遂工焉時人謂之胡釘鉸詩柳當是柳惲也又一說列子終於鄭今墓在郊藪謂賢者之跡而或禁其樵牧焉里有胡生者性落魄家貧少為洗鏡鏝釘之業遇有甘果名茶美醖輒祭於列御寇之祠壟以求聰慧而思學道歷稔忽夢一人取刀劃其腹以一卷書置於心腑及覺而吟哦之意皆工美之詞所得不由於

師友也既成卷軸尚不棄於猥賤之業真隱者之風遠
近號為胡釘鉸云
張又新煎茶水記代宗朝李季卿刺湖州至維揚逢陸
處士鴻漸李素熟陸名有傾蓋之歡因之赴郡泊揚子
驛將食李曰陸君善於茶蓋天下聞名矣況揚子南零
水又殊絕今者二妙千載一遇何曠之乎命軍士謹信
者操舟挈瓶深詣南零陸利器以俟之俄水至陸以杓
揚其水曰江則江矣第南零者似臨岸之水使曰某操

舟深入見者累百敢虛紿乎陸不言既而傾諸盆至半
陸遽止之又以杓揚之曰自此南零者矣使蹶然大駭
伏罪曰某自南零齎至岸舟蕩覆半至懼其尠挹岸水
增之處士之鑒神鑒也其敢隱乎李與賓從數十人皆
大駭愕

茶經本傳羽嗜茶著經三篇時鬻茶者至陶羽形置煬
突間祀為茶神有常伯熊者因羽論復廣著茶之功御
史大夫李季卿宣慰江南次臨淮知伯熊善煮茗召之

伯熊執器前季卿為再舉杯其後尚茶成風

金鑾密記金鑾故例翰林當直學士春晚人困則日賜成象殿茶果

梅妃傳唐明皇與梅妃鬬茶顧諸王戲曰此梅精也吹白玉笛作驚鴻舞一座光輝鬬茶今又勝吾矣妃應聲曰草木之戲悞勝陛下設使調和四海烹飪鼎鼐萬乘自有憲法賤妾何能較勝負也上大悅

杜鴻漸送茶與楊祭酒書顧渚山中紫笋茶兩片一片

上太夫人一片充昆弟同歡此物但恨帝未得嘗實所
嘆息

白孔六帖壽州刺史張鎰以餉錢百萬遺陸宣公贄公
不受止受茶一串曰敢不承公之賜

海録碎事鄧利云陸羽茶既為癖酒亦稱狂

侯鯖録唐右補闕綦毋煚音英博學有著述才性不飲茶
嘗著伐茶飲序其略曰釋滯消壅一日之利暫佳瘠氣
耗精終身之累斯大獲益則歸功茶力貽患則不咎茶

災豈非為福近易知為禍遠難見歟哭在集賢無何以熱疾暴終

茗溪漁隱叢話義興貢茶非舊也李栖筠典是邦僧有獻佳茗陸羽以為冠於他境可荐於上栖筠從之始進萬兩

合璧事類唐肅宗賜張志和奴婢各一人志和配為夫婦號漁童樵青漁童捧釣收綸蘆中鼓枻樵青蘇蘭薪桂竹裏煎茶

萬花谷顧渚山茶記云山有鳥如鴝鵒而小蒼黃色每至正二月作聲云春起也至三四月作聲云春去也採茶人呼為報春鳥

董逌陸羽點茶圖跋竟陵大師積公嗜茶久非漸兒煎奉不嚮口羽出遊江湖四五載師絶於茶味代宗召師入内供奉命宮人善茶者烹以餉師一啜而罷帝疑其詐令人私訪得羽召入翌日賜師齋密令羽煎茗遺之師捧甌喜動顔色且賞且啜一舉而盡上使問之師曰

此茶有似漸兒所為者帝由是歎師知茶出羽見之

蠻甌志白樂天方齋劉禹錫正病酒乃以菊苗虀蘆菔鮓餽樂天換取六斑茶以醒酒

詩話皮光業字文通最躭茗飲中表請嘗新柑筵具甚豐簪紱叢集纔至未顧尊罍而呼茶甚急徑進一巨觥題詩曰未見甘心氏先迎苦口師衆噱云此師固清高難以療飢也

太平清話盧仝自號癖王陸龜蒙自號怪魁

潛確類書唐錢起字仲文與趙莒為茶宴又嘗過長孫宅與朗上人作茶會俱有詩紀事

湘烟録閔康侯曰羽著茶經為李季卿所慢更著毁茶論其名疾字季疵者言為季所疵也事詳傳中

吴興掌故録長興啄木嶺唐時吴興毘陵二太守造茶修貢會宴於此上有境會亭故白居易有夜聞賈常州崔湖州茶山境會歡宴詩

包衡清賞録唐文宗謂左右曰若不甲夜視事乙夜觀

書何以為君嘗召學士於内庭論講經史較量文章宫人以下侍茶湯飲饌

名勝志唐陸羽宅在上饒縣東五里羽本竟陵人初隱吳興苕溪自號桑苧翁後寓信城時又號東岡子刺史姚驥嘗詣其宅鑿沼為濵渤之狀積石為嵩華之形後隱士沈洪喬葺而居之

饒州志陸羽茶竈在餘干縣冠山右峯羽嘗品越溪水為天下第二故思居禪寺鑿石為竈汲泉煮茶曰丹爐

晉張氳作元大德時總管常福生從方士授爐下得藥二粒盛以金盒及歸開視失之

續博物志物有異體而相制者翡翠屑金人氣粉犀北人以鍼敲氷南人以線解茶

太平山川記茶葉寮五代時于履居之

類林五代時魯公和凝字成績在朝率同列遞日以茶相飲味劣者有罰號為湯社

浪樓雜記天成四年度支奏朝臣乞假省覲者欲量賜

茶藥文班自左右常侍至侍郎宜各賜蜀茶三斤蠟面茶二斤武班官各有差

馬令南唐書豐城毛炳好學家貧不能自給入廬山與諸生留講獲鏹即市酒盡醉時彭會好茶而炳好酒時人為之語曰彭生作賦茶三片毛氏傳詩酒半升

十國春秋楚王馬殷世家開平二年六月判官高郁請聽民售茶北客收其徵以贍軍從之秋七月王奏運茶河之南北以易繒纊戰馬仍歲貢茶二十五萬斤詔可

由是屬内民得自摘山造茶而收其算歲入萬計高另置邸閣居茗號曰八牀主人

荆南列傳文了吳僧也雅善烹茗擅絶一時武信王時來遊荆南延住紫雲禪院日試其藝王大加欣賞呼為湯神奏授華亭水大師人皆目為乳妖

談苑茶之精者北苑名白乳頭江左有金蠟面李氏別命取其乳作片或號曰京挺的乳二十餘品又有研膏茶即龍品也

趙孟頫寫經換茶圖卷（局部）

明仇英畫、文徵明書，設色絹本，縱 22 厘米，橫 110 厘米，現藏美國克利夫蘭博物館。

仇英（？— 一五五二年前），明代畫家。字實父，號十洲。擅長歷史畫、風俗畫、山水畫、仕女畫，運用不同筆法表現不同物件，設色、水墨、白描各法皆工，清麗流美。與沈周、文徵明、唐寅並稱為『明四家』。

文徵明（一四七〇— 一五五九），明代書畫家。原名壁，後以徵明為名，字徵仲，號衡山居士。淡于仕途，潛心書畫，詩文書畫無一不精。書法擅行書、小楷，書風端嚴謹慎，有平靜文秀的意態。繪畫以沈周為師，擅繪山水、人物、花卉。山水畫有『粗』『細』之別，而以精細縝密者為佳，繼沈周之後成為吳門畫派的領袖人物。

此為一幅國畫書法珠聯璧合之作，王世懋跋曰：『昆山周于舜博雅好古，常嘗得趙承旨以般若經換茶詩，而亡所書經。遂請仇實甫圖之，而文待詔徵仲為補書小楷心經，皆極精好……』作品描繪了趙孟頫書寫《心經》與明本和尚換茶的故事。趙孟頫于松林中據石几作書，明本禪師對坐，旁有侍童煮水捧茶。人物造像雖為白描技法，卻也融色彩於線條中，實為仇英的創新。文徵明書《心經》于金粟箋本上，彌補了『亡所書經』之憾，幾乎就是趙孟頫風格的再現。

釋文瑩玉壺清話黄夷簡雅有詩名在錢忠懿王俶幕

中陪樽俎二十年開寳初太祖賜俶開吳鎮越崇文耀

武功臣制誥俶遣夷簡入謝於朝歸而稱疾於安溪别

業保身潛遁著山居詩有宿雨一番蔬甲嫩春山幾焙

茗旗香之句雅喜治宅咸平中歸朝為光禄寺少卿後

以壽終焉

五雜俎建人喜鬬茶故稱茗戰錢氏子弟取霅上瓜各

言其中子之的數剖之以觀勝負謂之瓜戰然茗猶堪

戰瓜則俗矣

潛確類書僞閩甘露堂前有茶樹兩株鬱茂婆娑宫人呼為清人樹每春初嬪嬙戲於其下採摘新芽於堂中設傾筐會

宋史紹興四年初命四川宣撫司支茶博馬

舊賜大臣茶有龍鳳飾明德太后曰此豈人臣可得命有司别製入香京挺以賜之

宋史職官志茶庫掌茶江浙荆湖建劍茶茗以給翰林

諸司賞賚出黨

宋史錢俶傳太平興國三年宴俶長春殿令劉鋹李煜預坐俶貢茶十萬片建茶萬片及銀絹等物

甲申雜記仁宗朝春試進士集英殿后妃御太清樓觀之慈聖光獻出餅角以賜進士出七寶茶以賜考官

玉海宋仁宗天聖三年幸南御庄觀刈麥遂幸玉津園燕羣臣聞民舍機杼賜織婦茶綵

陶穀清異録有得建州茶膏取作耐童兒八枚膠以金

縷獻於閩王曦遇通文之禍為内侍所盜轉遺貴人

符昭遠不喜茶嘗為同列御史會茶嘆曰此物面目嚴

冷了無和美之態可謂冷面草也

孫樵送茶與焦刑部書云晚甘侯十五人遣侍齋閣此

徒皆乘雷而摘拜水而和蓋建陽丹山碧水之鄉月澗

雲龕之品慎勿賤用之

湯悅有森伯頌蓋名茶也方飲而森然嚴乎齒牙既久

而四肢森然二義一名非熟乎湯甌境界者誰能目之

吳僧梵川誓願燃頂供養雙林傅大士自往蒙頂山結
庵種茶凡三年味方全美得絶佳者曰聖楊花吉祥蘂
共不逾五斤持歸供獻
宣城何子華邀客於剖金堂酒半出嘉陽嚴峻所畫陸
羽像懸之子華因言前代惑駿逸者為馬癖泥貫索者
為錢癖愛子者有譽兒癖躭書者有左傳癖若此叟溺
於茗事何以名其癖楊粹仲曰茶雖珍未離草也宜追
目陸氏為甘草癖一座稱佳

類苑學士陶穀得党太尉家姬取雪水烹團茶以飲謂姬曰党家應不識此姬曰彼麄人安得有此但能於銷金帳中淺斟低唱飲羊膏兒酒耳陶深愧其言

胡嶠飛龍澗飲茶詩云沾牙舊姓餘甘氏破睡當封不夜侯陶穀愛其新奇令猶子彝和之彝應聲云生凉好喚雞蘇佛回味宜稱橄欖仙彝時年十二亦文詞之有基址者也

延福宫曲宴記宣和二年十二月癸巳召宰執親王學

士曲宴於延福宫命近侍取茶具親手注湯擊拂少頃白乳浮盞面如踈星淡月顧諸臣曰此自烹茶飲畢皆頓首謝

宋朝紀事洪邁選成唐詩萬首絶句表進壽皇宣諭閣學選擇甚精備見博洽賜茶一百夸清馥香一十貼薫香二十貼金器一百兩

乾淳歲時記仲春上旬福建漕司進第一綱茶名北苑試新方寸小胯進御止百胯護以黄羅輭盞藉以青篛

裹以黄羅夾複臣封朱印外用朱漆小匣鍍金鎖又以細竹絲織笈貯之凡數重此乃雀舌水芽所造一胯之值四十萬僅可供數甌之啜爾或以一二賜外邸則以生線分解轉遺好事以為奇玩

南渡典儀車駕幸學講書官講訖御藥傳旨宣坐賜茶

凡駕出儀衛有茶酒班殿侍兩行各三十一人

司馬光日記初除學士待詔李堯卿宣召稱有勑口宣畢再拜升階與待詔坐啜茶葢中朝舊典也

歐陽脩龍茶録後序皇祐中脩起居注奏事仁宗皇帝
屢承天問以建安貢茶併所以試茶之狀諭臣論茶之
舛謬臣追念先帝顧遇之恩覽本流涕輙加正定書之
於石以永其傳

隨手雜録子瞻在杭時一日中使至密謂子瞻曰某出
京師辭官家官家曰辭了娘娘來某辭太后殿復到官
家處引某至一櫃子旁出此一角密語曰賜與蘇軾不
得令人知遂出所賜乃茶一斤封題皆御筆子瞻具劄

附進稱謝

潘中散适為處州守一日作醮其茶百二十盞皆乳花內一盞如墨詰之則酹酒人誤酹茶中潘焚香再拜謝過即成乳花僚吏皆驚嘆

石林燕語故事建州歲貢大龍鳳團茶各二斤以八餅為斤仁宗時蔡君謨知建州始别擇茶之精者為小龍團十斤以獻斤為十餅仁宗以非故事命劾之大臣為請因留而免劾然自是遂為歲額熙寧中賈清為福建

運使又取小團之精者為密雲龍以二十餅為斤而雙袋謂之雙角團茶大小團袋皆用緋通以為賜也密雲龍獨用黄蓋專以奉玉食其後又有瑞雲翔龍者宣和後團茶不復貴皆以為賜亦不復如向日之精後取其精者為銙茶歲賜者不同不可勝紀矣

春渚記聞東坡先生一日與魯直文潛諸人會飯既食骨䭔兒血羮客有須薄茶者因就取所碾龍團徧啜坐客或曰使龍茶能言當須稱屈

魏了翁先茶記眉山李君鏗爲臨邛茶官吏以故事三日謁先茶君詰其故則曰是韓氏而王號相傳爲然實未嘗請命於朝也君曰飲食皆有先而况茶之爲利不惟民生食用之所資亦馬政邊防之攸頼是之弗圖非忘本乎於是撤舊祠而增廣焉且請於郡上神之功狀於朝宣賜榮號以侈神賜而馳書於靖命記成役

揮掌録宋自崇寧後復榷茶法制日嚴私販者固已抵罪而商賈官券清納有限道路有程纖悉不如令則被

摰斷或沒貨出告昏愚者往往不免其儕乃目茶籠為草大蟲言傷人如虎也

苕溪漁隱叢話歐公和劉原父揚州時會堂絶句云積雪猶封蒙頂樹驚雷未發建溪春中州地暖萌芽早入貢宜先百物新注時會堂造貢茶所也余以陸羽茶經考之不言揚州出茶惟毛文錫茶譜云揚州禪智寺隋之故宮寺傍蜀岡其茶甘香味如蒙頂焉第不知入貢之因起何時也

盧溪詩話雙井老人以青砂蠟紙裹細茶寄人不過二兩

青瑣詩話大丞相李公昉嘗言唐時目外鎮為麤官有學士貽外鎮茶有詩謝云麄官乞與直虛擲賴有詩情合得嘗外鎮即薛能也

玉堂雜記淳熙丁酉十一月壬寅必大輪當内直上曰卿想不甚飲比賜宴時見卿面赤賜小春茶二十銙葉世英墨五團以代賜酒

陳師道後山叢談張忠定公令崇陽民以茶為業公曰茶利厚官將取之不若早自異也命拔茶而植桑民以為苦其後榷茶他縣皆失業而崇陽之桑皆已成其為絹而北者歲百萬疋矣又見名臣言行録

文正李公既薨夫人誕日宋宣獻公時為侍從公與其僚二十餘人詣第上壽拜於簾下宣獻前曰太夫人不飲以茶為壽探懷出之注湯以獻復拜而去

張芸叟畫墁録有唐茶品以陽羨為上供建溪北苑未

著也貞元中常衮為建州刺史始蒸焙而研之謂研膏
茶其後稍為餅様而穴其中故謂之一串陸羽所烹惟
是草茗爾迨本朝建溪獨盛採焙製作前世所未有也
士大夫珍尚鑒别亦過古先丁晉公為福建轉運使始
製為鳳團後為龍團貢不過四十餅專擬上供即近臣
之家徒聞之而未嘗見也天聖中又為小團其品逈嘉
於大團賜兩府然止於一斤唯上大齋宿兩府八人共
賜小團一餅縷之以金八人析歸以侈非常之賜親知

瞻玩賡唱以詩故歐陽永叔有龍茶小録或以大團賜者輙到方寸以供佛供仙奉家廟已而奉親并待客享子弟之用熙寧末神宗有旨建州製密雲龍其品又加於小團自密雲龍出則二團少粗以不能兩好也予元祐中詳定殿試是年分為制舉考第官各蒙賜三餅然親知誅責殆將不勝

熙寧中蘇子容使遼姚麟為副曰盍載些小團茶乎子容曰此乃供上之物疇敢與遼人未幾有貴公子使遼

廣貯團茶以往自爾遼人非團茶不納也非小團不貴也彼以二團易蕃羅一疋此以一羅酬四團少不滿意即形言語近有貴貂守邉以大團為常供密雲龍為好茶云

鶴林玉露嶺南人以檳榔代茶

彭乘墨客揮犀蔡君謨議茶者莫敢對公發言建茶所以名重天下由公也後公製小團其品尤精於大團一日福唐蔡葉丞秘教召公啜小團坐久復有一客至公

啜而味之曰此非獨小團必有大團雜之丞驚呼童詰之對曰本碾造二人茶繼有一客至造不及即以大團兼之丞神服公之明審

王判公為小學士時嘗訪君謨君謨聞公至喜甚自取絕品茶親滌器烹點以待公冀公稱賞公於夾袋中取消風散一撮投茶甌中併食之君謨失色公徐曰大好茶味君謨大笑且歎公之真率也

魯應龍閑窻括異志當湖德藏寺有水陸齋壇往歲富

民沈忠建每設齋施主虔誠則茶現瑞花故花儼然可睹亦一異也

周輝清波雜志先人嘗從張晉彦覓茶張荅以二小詩云内家新賜密雲龍只到調元六七公賴有山家供小草猶堪詩老薦春風仇池詩裏識焦坑風味官焙可抗衡鑽餘權倖亦及我十輩遣前公試烹詩總得偶病此詩俾其子代書後誤刋于湖集中焦坑産庾嶺下味苦硬久方回甘如浮石已乾霜後水焦坑新試雨前茶東

坡南還回至章貢顯聖寺詩也後屢得之初非精品特
彼人自以為重包裹鑽權倖亦豈能望建溪之勝

東京夢華録舊曹門街北山子茶坊内有仙洞仙橋士
女往往夜遊吃茶於彼

五色線騎火茶不在火前不在火後故也清明改火故
曰騎火茶

夢溪筆談王城東素所厚惟楊大年公有一茶囊唯大
年至則取茶囊具茶他客莫與也

南方草木狀宋二帝北狩到一寺中有二石金剛並拱手而立神像高大首觸桁棟別無供器止有石盂香爐而已有一胡僧出入其中僧揖坐問何來帝以南來對僧呼童子點茶以進茶味甚香美再欲索飲胡僧與童子趨堂後而去移時不出入內求之寂然空舍惟竹林間有一小室中有石刻胡僧像並二童子侍立視之儼然如獻茶者

馬永卿懶真子録王元道嘗言陝西子仙姑傳云得道

術能不食年約三十許不知其實年也陜西提刑陽翟李熙民逸老正直剛毅人也聞人所傳甚異乃往青平軍自驗之既見道貌高古不覺心服因曰欲獻茶一盃可乎姑曰不食茶久矣今勉强一啜既食少頃垂兩手出玉雪如也須臾所食之茶從十指甲出凝於地色猶不變逸老令就地刮取且使嘗之香味如故因大奇之

朱子文集與志南上人書偶得安樂茶分上廿餅

陸放翁集同何元立蔡肩吾至丁東院汲泉煮茶詩云

雲芽近自峩眉得不減紅囊顧渚春旋置風爐清樾下

他年奇事屬三人

周必大集送陸務觀赴七閩提舉常平茶事詩云暮年

桑苧毀茶經應為征行不到閩今有雲孫持使節好因

貢焙祀茶人

梅堯臣集晏成續太祝遺雙井茶五品茶具四枚近詩

六十篇因賦詩為謝

黄山谷集有博士王揚休碾密雲龍同事十三人飲之

戲作

晁補之集和荅曾敬之祕書見招能賦堂烹茶詩一盌分來百越春玉溪小暑却宜人紅塵他日同回首能賦堂中偶坐身

蘇東坡集送周朝議守漢川詩云茶為西南病甿俗記二李何人折其鋒矯矯六君子注二李杞與稷也六君子謂師道與姪正儒張永徽吳醇翁呂元鈞宋文輔也盖是時蜀茶病民二李乃始敝之人而六君子能持正

論者也

僕在皇州參寥自吴中來訪館之東坡一日夢見參寥所作詩覺而記其兩句云寒食清明都過了石泉槐火一時新後七年僕出守錢塘而參寥始卜居西湖智果寺院院有泉出石縫間甘冷宜食寒食之明日僕與客汎湖自孤山來謁參寥汲泉鑽火烹黄蘗茶忽悟所夢詩兆於七年之前衆客皆驚歎知傳記所載非虚語也

東坡物類相感志芽茶得鹽不苦而甜又云喫茶多腹

脹以醋解之又云陳茶燒烟蠅速去

楊誠齋集謝傅尚書送茶遠餉新茗當自携大瓢走汲溪泉束澗底之散薪然折脚之石鼎烹玉塵啜香乳以享天上故人之惠愧無胸中之書傳但一味攪破菜園耳

鄭景龍續宋百家詩本朝孫志舉有訪王主簿同泛菊茶詩

呂元中豐樂泉記歐陽公既得釀泉一日會客有以新

茶獻者公勑汲泉淪之汲者道仆覆水僞汲他泉代公知其非釀泉詰之乃得是泉於幽谷山下因名豐樂泉

侯鯖録黄魯直云爛蒸同州羊沃以杏酪食之以匕不以筯抹南京麪作槐葉冷淘糝以襄邑熟猪肉炊共城香稻用吳人鱠松江之鱸既飽以康山谷簾泉烹曾抗鬬品少焉卧北窻下使人誦東坡赤壁前後賦亦足少快又見蘓長公外紀

蘓舜欽傳有興則泛小舟出盤閶二門吟嘯覽古渚茶野釀足以消憂

過庭録劉貢父知長安妓有茶嬌者以色慧稱貢父惑之事傳一時貢父被召至闕歐陽永叔出城四十五里迓之貢父以酒病未起永叔戲之曰非獨酒能病人茶亦能病人多矣

合璧事類覺林寺僧志崇製茶有三等待客以驚雷莢自奉以萱草帶供佛以紫茸香凡赴茶者輙以油囊盛

餘瀝

江南有驛官以幹事自任白太守曰驛中已理請一閱之刺史乃往初至一室為酒庫諸醖皆熟其外懸一畫神問何也曰杜康刺史曰公有餘也又至一室為茶庫諸茗畢備複懸畫神問何也曰陸鴻漸刺史益喜又至一室為葅庫諸俎咸具亦有畫神問何也曰蔡伯喈刺史大笑曰不必置此

江浙間養蠶皆以鹽藏其繭而操絲恐蠶蛾之生也每

繰畢即煎茶葉為汁搗米粉搜之篩於茶汁中煮為粥謂之洗甂粥聚族以啜之謂益明年之蠶

經鉏堂雜志松聲澗聲山禽聲夜蟲聲鶴聲琴聲棋落子聲雨滴堦聲雪灑窗聲煎茶聲皆聲之至清者

松漠紀聞燕京茶肆設雙陸局如南人茶肆中置棊具也

夢粱録茶肆列花架安頓奇松異檜等物於其上裝飾店面敲打響盞又冬月添賣七寶擂茶饊子葱茶茶肆

樓上專安着妓女名曰花茶坊

南宋市肆記平康歌館凡初登門有提瓶獻茗者雖杯茶亦犒數千謂之點花茶

諸處茶肆有清樂茶坊八仙茶坊珠子茶坊潘家茶坊連三茶坊連二茶坊等名

謝府有酒名勝茶

宋都城紀勝大茶坊皆掛名人書畫人情茶坊本以茶湯為正水茶坊乃娼家聊設桌凳以茶為由後生輩甘

於費錢謂之乾茶錢又有提茶瓶及齪茶名色

臆乘楊衒之作洛陽伽藍記曰食有酪奴蓋指茶為酪

粥之奴也

嫏嬛記昔有客遇茅君時當大暑茅君於手巾内解茶

葉人與一葉客食之五内清涼茅君曰此蓬萊穆陀樹

葉衆仙食之以當飲又有寶文之蘂食之不飢故謝幼

貞詩云摘寶文之初蕊拾穆陀之墜葉

揚南峯手鏡載宋時姑蘓女子沈清友有續鮀令暉香

茗賦

孫月峯坡仙食飲録密雲龍茶極為甘馨宋寥正一字明畧晚登蘇門子瞻大竒之時黄秦鼂張號蘇門四學士子瞻待之厚每至必令侍妾朝雲取密雲龍烹以飲之一日又命取密雲龍家人謂是四學士窺之乃明略也山谷詩有矞雲龍亦茶名

嘉禾志煮茶亭在秀水縣西南湖中景徳寺之東禪堂宋學士蘇軾與文長老嘗三過湖上汲水煮茶後人因

建亭以識其勝今遺趾尚存

名勝志茶仙亭在滁州瑯琊山宋時寺僧為刺史曾肇建葢取杜牧池州茶山病不飲酒詩誰知病太守猶得作茶仙之句子開詩云山僧獨好事為我結茆茨茶仙榜草聖頗宗樊川詩葢紹聖二年肇知是州也

陳眉公珍珠船蔡君謨謂范文正曰公採茶歌云黄金碾畔緑塵飛碧玉甌中翠濤起今茶絶品其色甚白翠緑乃下者耳欲改為玉塵飛素濤起如何希文曰善

又蔡君謨嗜茶老病不能飲但把玩而已

潛確類書宋紹興中少卿曹戩避地南昌豐城縣其母喜茗飲山初無井戩乃齋戒祝天即院堂後斸地纔尺而清泉溢湧後人名為孝感泉

大理徐恪建人也見貽鄉信鋌子茶茶面印文曰玉蟬膏一種曰清風使

蔡君謨善别茶建安能仁院有茶生石縫間蓋精品也寺僧採造得八餅號石巖白以四餅遺君謨以四餅密

遣人走京師遺王内翰禹玉歲餘君謨被召還闕過訪禹玉禹玉命子弟於茶筒中選精品碾以待蔡蔡捧甌未嘗輙曰此極似能仁寺石巖白公何以得之禹玉未信索帖驗之乃服

月令廣義蜀之雅州名山縣蒙山有五峰峰頂有茶園中頂最高處曰上清峰有甘露茶昔有僧病冷且久嘗遇老父詢其病僧具告之父曰何不飲茶僧曰本以茶冷豈能止乎父曰是非常茶仙家有所謂雷鳴者而亦聞

乎僧曰未也父曰蒙之中頂有茶當以春分前後多搆人力俟雷之發聲併手採摘以多爲貴至三日乃止若獲一兩以本處水煎服能袪宿疾服二兩終身無病服三兩可以換骨服四兩即爲地仙但精潔治之無不效者僧因之中頂築室以俟及期獲一兩餘服未竟而病瘥惜不能久住博求而精健至八十餘氣力不衰時到城市觀其貌若年三十餘者眉髮紺緑後入青城山不知所終今四頂茶園不廢惟中頂草木繁茂重雲積霧

蔽虧日月鷙獸時出人跡罕到矣

太平清話張文規以吳興白苧白蘋洲明月峽中茶爲三絶文規好學有文藻蘇子由孔武仲何正臣諸公皆與之游

夏茂卿茶董劉煜字子儀甞與劉筠飲茶問左右湯滚也未衆曰已滚筠云僉曰鯀哉煜應聲曰吾與點也

黄魯直以小龍團半鋌題詩贈晁無咎有云曲几蒲團聽煮湯煎成車聲繞羊腸雞蘇胡麻留渴羌不應亂我

官焙香東坡見之曰黄九恁地怎得不窮

陳詩教灌園史杭妓周韶有詩名好蓄奇茗嘗與蔡君謨鬭勝題品風味君謨屈焉

江參字貫道江南人形貌清癯嗜香茶以為生

博學彙書司馬温公與子瞻論茶墨云茶與墨二者正相反茶欲白墨欲黑茶欲重墨欲輕茶欲新墨欲陳蘓曰上茶妙墨俱香是其德同也皆堅是其操同也公嘆以為然

元耶律楚材詩在西域作茶會值雪有高人惠我嶺南茶爛賞飛花雪沒車之句

雲林遺事光福徐達左搆養賢樓於鄧尉山中一時名士多集於此元鎮為尤數焉嘗使童子入山擔七寶泉以前桶煎茶以後桶濯足人不解其意或問之曰前者無觸故用煎茶後者或為泄氣所穢故以為濯足之用其潔癖如此

陳繼儒妮古録至正辛丑九月三日與陳徵君同宿愚

菴師房焚香煮茗圖石梁秋瀑翛然有出塵之趣黄鶴山人王蒙題畫

周叙遊嵩山記見會善寺中有元雪菴頭陀茶榜石刻字徑三寸許遒偉可觀

鍾嗣成録鬼簿王實甫有蘇小郎月夜販茶船傳奇

吳興掌故録明太祖喜顧渚茶定制歲貢止三十二斤於清明前二日縣官親詣採茶進南京奉先殿焚香而已未嘗别有上供

七修彙藁　明洪武二十四年詔天下產茶之地歲有定額以建寧為上聽茶戶採進勿預有司茶名有四探春先春次春紫筍不得碾揉為大小龍團

楊維楨煑茶夢記　鐵崖道人卧石牀移二更月微明及紙帳梅影亦及半窓寉孤立不鳴命小芸童汲白蓮泉燃槁湘竹採以凌霄芽為飲供乃遊心太虛恍兮入夢

陸樹聲茶寮記　園居敞小寮於嘯軒埤垣之西中設茶竈凡瓢汲罌注濯拂之具咸庀擇一人稍通茗事者主

之一人佐炊汲客至則茶煙隱隱起竹外其禪客過從予者與余相對結跏趺坐啜茗汁舉無生話時杪秋既望適園無諍居士與五臺僧演鎮終南僧明亮同試天池茶於茶寮中漫記

墨娥小録千里茶細茶一兩五錢孩兒茶一兩柿霜一兩粉草末六錢薄荷葉三錢右為細末調匀煉蜜丸如白豆大可以代茶便於行遠

湯臨川題飲茶録陶學士謂湯者茶之司命此言最得

三昧馮祭酒精於茶政手自料滌然後飲客客有笑者
余戲解之云此正如美人又如古法書名畫度可着俗
漢手否

陸鉽病逸漫記東宫出講必使左右迎請講官講畢則
語東宫官云先生吃茶

玉堂叢語愧齋陳公性寛坦在翰林時夫人甞試之會
客至公呼茶夫人曰未煑公曰也罷又呼曰乾茶夫人
曰未買公曰也罷客為捧腹時號陳也罷

沈周客座新聞吳僧大機所居古屋三四間潔淨不容唾善瀹茗有古井清冽為稱客至出一甌為供飲之有滌腸湔胃之爽先公與交甚久亦嗜茶每入城必至其所

沈周書岕茶別論後自古名山留以待羈人遷客而茶以資高士蓋造物有深意而周慶叔者為岕茶別論以行之天下度銅山金穴中無此福又恐仰屠門而大嚼者未必領此味慶叔隱居長興所至載茶具邀余素甌

黄葉間共相欣賞恨鴻漸君謨不見慶叔耳為之覆茶

三嘆

馮夢禎快雪堂漫録李于鱗為吾浙按察副使徐子與

以岕茶之最精餉之比看子與於昭慶寺問及則已賞

早役矣蓋岕茶葉大梗多于鱗北士不遇宜也紀之以

發一笑

閔元衡玉壺氷良宵燕坐篝燈煮茗萬籟俱寂疏鐘時

聞當此情景對簡編而忘疲徹衾枕而不御一樂也

甌江逸志永嘉歲進茶芽十斤樂清茶芽五斤瑞安平陽歲進亦如之

雁山五珍龍湫茶觀音竹金星草山樂官香魚也茶即明茶紫色而香者名玄茶其味皆似天池而稍薄

王世懋二酉委譚余性不耐冠帶暑月尤甚豫章天氣蚤熱而今歲尤甚春三月十七日觴客於滕王閣日出如火流汗接踵頭涔涔幾不知所措歸而煩悶婦為具湯沐便科頭裸身赴之時西山雲霧新茗初至張右伯

適以見遺茶色白大作荳子香幾與虎邱埒余時浴
出露坐明月下亟命侍兒汲新水烹嘗之覺流瀣入咽
兩腋風生念此境味都非宦路所有琳泉蔡先生老而
嗜茶尤甚於余時巳就寢不可邀之共啜晨起復烹遺
之然巳作第二義矣追憶夜來風味書一通以贈先生
湧幢小品王璡昌邑人洪武初為寧波知府有給事來
謁具茶給事為客居間公大呼撤去給事慚而退因號
撤茶太守

臨安志棲霞洞内有水洞深不可測水極甘洌魏公嘗調以瀹茗

西湖志餘杭州先年有酒館而無茶坊然富家燕會猶有專供茶事之人謂之茶博士

潘子真詩話葉濤詩極不工而喜賦咏嘗有試茶詩云碾成天上龍兼鳳煮出人間蟹與蝦好事者戲云此非試茶乃碾玉匠人嘗南食也

董其昌容臺集蔡忠惠公進小團茶至為蘇文忠公所

譏謂與錢思公進姚黄花同失士氣然宋時君臣之際情意藹然猶見於此且君謨未嘗以貢茶干寵第點綴太平世界一段清事而已東坡書歐陽公滁州二記知其不肯書茶録余以蘸法書之為公懺悔不則蟄龍詩句幾臨湯火有何罪過凡持論不大遠人情可也

金陵春卿署中時有以松蘿茗相貽者平平耳歸來山館得啜尤物詢知為閔汶水所蓄汶水家在金陵與余相及海上之鷗舞而不下葢知希為貴鮮遊大人者昔

陸羽以精茗事為貴人所侮作毁茶論如汶水者知其終不作此論矣

李日華六研齋筆記攝山棲霞寺有茶坪茶生榛莽中非經人剪植者唐陸羽入山采之皇甫冉作詩送之

紫桃軒雜綴泰山無茶茗山中人摘青桐芽點飲號女兒茶又有松苔極饒奇韻

鍾伯敬集茶訊詩云猶得年年一度行嗣音幸借采茶名伯敬與徐波元歎交厚呉楚風烟相隔數千里以買

茶為名一年通一訊遂成佳話謂之茶訊

茶供説　婁江逸人朱汝圭精於茶事殆將以茶隱者也欲求為之記愿歲歲採渚山青芽為余作供余觀楞嚴壇中設供取白牛乳砂糖純蜜之類西方沙門婆羅門以葡萄甘蔗漿為上供未有以茶供者鴻漸長於苾蒭者也杼山禪伯也而鴻漸茶經杼山茶歌俱不云供佛西土以貫花燃香供佛不以茶供斯亦供養之缺典也汝圭益精心治辨茶事金芽素瓷清淨供佛他生受報

往生香國以諸妙香而作佛事豈但如丹邱羽人飲茶生羽翼而已哉余不敢當汝圭之茶供請以茶供佛後之精於茶道者以采茶供佛為佛事則自余之諗汝圭始爰作茶供説以贈

五燈會元摩突羅國有一青林枝葉茂盛地名曰優留茶

僧問如寶禪師曰如何是和尚家風師曰飯後三碗茶

僧問谷泉禪師曰未審客來如何祗待師曰雲門胡餅

趙州茶

淵鑒類函 鄭愚茶詩有嫩芽香且靈吾謂草中英夜臼和烟搗寒爐對雪烹因謂茶曰草中英

素馨花曰裨茗陳白沙素馨記以其能少裨於茗耳一名那悉茗花

佩文韻府 元好問詩注唐人以茶為小女美稱

黔南行紀 陸羽茶經紀黄牛峽茶可飲因令舟人求之有媪賣新茶一籠與草葉無異山中無好事者故耳

初余在峽州問士大夫黄陵茶皆云𥸡澀不可飲試問小吏云唯僧茶味善令求之得十餅價甚平也携至黄牛峽置風爐清樾間身自候湯手揷得味既以享黄牛神且酌元明堯夫云不減江南茶味也乃知夷陵士大夫以貌取之耳

九華山録至化城寺謁金地藏塔僧祖瑛獻土産茶味可敵北苑

馮時可茶録松郡佘山亦有茶與天池無異顧採造不

如近有此卯來以虎邱法製之味與松蘿等老衲亟逐之曰毋為此山開羶徑而置火坑

冒巢民岕茶彙鈔憶四十七年前有吳人柯姓者熟於陽羡茶山每桐初露白之際為余入岕篛籠携來十餘種其最精妙者不過斤許數兩耳味老香深具芝蘭金石之性十五年以為恒後宛姬從吳門歸余則岕片必需半塘顧子兼黃熟香必金平叔茶香雙妙更入精微然顧金茶香之供每歲必先虞山柳夫人吾邑隴西之

舊姬與余共宛姬而後他及

金沙于象明携岕茶來絶妙金沙之于精鑒賞甲於江南而岕山之棋盤頂久歸于家每歲其尊人必躬往採製今夏携來廟後棋頂漲沙本山諸種各有差等然道地之極真極妙二十年所無又辨水候火與手自洗烹之細潔使茶之色香性情從文人之奇嗜異好一一淋漓而出誠如丹邱羽人所謂飲茶生羽翼者真衰年稱心樂事也

吳門七十四老人朱汝圭攜茶過訪與象明頗同多花香一種汝圭之嗜茶自幼如世人之結齋於胎年十四入芥迄今春夏不渝者百二十番奪食色以好之有子孫為名諸生老不受其養謂不嗜茶為不似阿翁每竦骨入山卧遊虎虺負籠入肆嘯傲甌香晨夕滌甕洗葉啜弄無休指爪齒頰與語言激揚讚頌之津津恒有喜神妙氣與茶相長養真奇癖也

嶺南雜記潮州燈節飾妓童為采茶女每隊十二人或

八人手挈花籃迭進而歌俯仰抑揚備極妖妍又以少長者二人為隊首擎綵燈綴以扶桑茉莉諸花采女進退作止皆視隊首至各衙門或巨室唱歌賚以銀錢酒果自十三夕起至十八夕而止余録其歌數首頗有前溪子夜之遺

張大復梅花筆談歙人閔汶水居桃葉渡上予往品茶其家見其水火皆自任以小酒盞酌客頗極烹飲態正如德山擔青龍鈔高自矜許而已不足異也秣陵好事者

嘗誚閩無茶謂閩客得閔茶咸製為羅囊佩而嗅之
以代旃檀實則閩不重汶水也閔客游秣陵者宋比玉
洪仲章輩類依附吳兒强作解事賤家雞而貴野鶩宜
為其所誚歟三山薛老亦秦淮汶水也薛嘗言汶水假
他味作蘭香究使茶之真味盡失汶水而在聞此亦當
色沮薛嘗住岁崱自為剪焙遂欲駕汶水上余謂茶難
以香名况以蘭定茶乃咫尺見也頗以薛老論為善
延邵人呼製茶人為碧豎富沙陷後碧豎盡在緑林中

矣

蔡忠惠茶録石刻在甌寧邑庠壁間予五年前搨數紙寄所知今漫漶不如前矣

閩酒數郡如一茶亦類是今年予得茶甚夥學坡公義酒事盡合為一然與未合無異也

李仙根安南雜記交趾稱其貴人曰翁茶翁茶者大官也

虎邱茶經補注徐天全自金齒謫回每春末夏初入虎

邱開茶社

羅光璽作虎邱茶記嘲山僧有替身茶

吳匏菴與沈石田遊虎邱采茶手煎對啜自言有茶癖

漁洋詩話林確齋者亡其名江右人居冠石率子孫種茶躬親畚鍤負擔夜則課讀毛詩離騷過冠石者見三四少年頭着一幅布赤脚揮鋤琅然歌出金石竊嘆以為古圖畫中人

王草堂茶說宋北苑茶之精者名白乳頭金蠟面

朱彝尊日下舊聞上巳後三日新茶從馬上至至之日
宮價五十金外價二三十金不一二日即二三金矣見
北京歲華記

曝書亭集錫山聽松菴僧性海製竹火爐王舍人過而
愛之為作山水橫幅并題以詩歲久爐壞盛太常因而
更製流傳都下羣公多為吟咏顧梁汾典籍仿其遺式
製爐及來京師成容若侍衛以舊圖贈之丙寅之秋梁
汾携爐及卷過余海波寺寓適姜西溟周青士孫愷似

三子亦至坐青藤下燒爐試武夷茶相與聯句成四十
韻用書於册以示好事之君子

蔡方炳增訂廣輿記湖廣長沙府攸縣古蹟有茶王城
即漢茶陵城也

葛萬里清異録倪元鎮飲茶用果按者名清泉白石非
佳客不供有客請見命進此茶客渴再及而盡倪意大
悔放盞入内

黄周星九烟夢讀採茶賦只記一句云施淩雲以翠步

別號録宋曾機吾甫別號茶山明許應元子春別號茗山

隨見録武夷五曲朱文公書院内有茶一株葉有臭蟲氣及焙製出時香逾他樹名曰臭葉香茶又有老樹數株云係文公手植名曰宋樹

補西湖遊覽志立夏之日人家各烹新茗配以諸色細果餽送親戚比鄰謂之七家茶

南屏謙師妙於茶事自云得心應手非可以言傳學到

者

劉士亨有謝璘上人惠桂花茶詩云金粟金芽出焙篝

鶴邊小試兔絲甌葉含雷信三春雨花帶天香八月秋

味美絶勝陽羨種神清如在廣寒遊玉川句好無才續

我欲逃禪問趙州

李世熊寒支集新城之山有異鳥其音若簫遂名曰簫

曲山山產佳茗亦名簫曲茶因作歌紀事

禪玄顯教編徐道人居廬山天池寺不食者九年矣畜

一墨羽鶴嘗採山中新茗令鶴銜松枝烹之遇道流輒相與飲幾椀

張鵬翀抑齋集有

御賜鄭宅茶賦云青雲幸接於後塵白日捧歸乎深殿從容步緩膏芬齊出螭頭肅穆神凝乳滴將開蠟面用以濡毫可織文章之草將之比德勉為精白之臣

續茶經卷下之三

欽定四庫全書

續茶經卷下之四

候補主事陸廷燦撰

八之出

國史補風俗貴茶其名品益衆南劒有蒙頂石花或小方散芽號為第一湖州顧渚之紫筍東川有神泉小團綠昌明獸目峽州有小江園碧澗寮明月房茱萸寮福州有栢巖方山露芽夔州有東白舉巖碧貌建安有青

鳳髓夔州有香山江陵有楠木湖南有衡山睦州有鳩坑洪州有西山之白露壽州有霍山之黄芽綿州之松嶺雅州之露芽南康之雲居彭州之仙崖石花渠江之薄片邛州之火井思安黔陽之都濡高株瀘川之納溪梅嶺義興之陽羨春池陽鳳嶺皆品第之最著者也

文獻通考片茶之出於建州者有龍鳳石乳的乳白乳頭金蠟面頭骨次骨末骨麄骨山挺十二等以充歲貢及邦國之用洎本路食茶餘州片茶有進寶雙勝寶山

兩府出興國軍仙芝嫩蕊福合禄合運合脂合出饒池州泥片出虔州緑英金片出袁州玉津出臨江軍靈川出福州先春早春華英來泉勝金出歙州獨行靈草緑芽片金金茗出潭州大拓枕出江陵大小巴陵開勝開捲小捲生黄翎毛出岳州雙上緑牙大小方出岳辰澧州東首淺山薄側出光州總二十六名其兩浙及宣江鼎州止以上中下或第一至第五為號其散茶則有太湖龍溪次號末號出淮南岳麓草子楊樹雨前雨後出

荆湖清口出歸州茗子出江南總十一名

葉夢得避暑録話北苑茶正所產為曾坑謂之正焙非曾坑為沙溪謂之外焙二地相去不逺而茶種懸絶沙溪色白過於曾坑但味短而微澀識者一啜如别涇渭也余始疑地氣土宜不應頓異如此及來山中每開闢徑路剗治巖竇有尋丈之間土色各殊肥瘠緊緩燥潤亦從而不同並植兩木於數步之間封培灌溉畧等而生死豐悴如二物者然後知事不經見不可必信也草

茶極品惟雙井顧渚亦不過各有數畝雙井在分寧縣其地屬黄氏魯直家也元祐間魯直力推賞於京師族人交致之然歲僅得一二斤爾顧渚在長興縣所謂吉祥寺也其半為今劉侍郎希范家所有兩地所産歲亦止五六斤近歲寺僧求之者多不暇精擇不及劉氏遠甚余歲求於劉氏過半斤則不復佳蓋茶味雖均其精者在嫩芽取其初萌如雀舌者謂之槍稍敷而為葉者謂之旗旗非所貴不得已取一槍一旗猶可過是則老

矣此所以為難得也

歸田録臘茶出於劒建草茶盛於兩浙兩浙之品日注為第一自景祐以後洪州雙井白芽漸盛近歲製作尤精囊以紅紗不過一二兩以常茶十數斤養之用辟暑濕之氣其品遠出日注上遂為草茶第一

雲麓漫鈔茶出浙西湖州為上江南常州次之湖州出長興顧渚山中常州出義興君山懸脚嶺北岸下等處

蔡寛夫詩話玉川子謝孟諫議寄新茶詩有手閲月團

三百片及天子須嘗陽羨茶之句則孟所寄乃陽羨茶也

楊文公談苑 蠟茶出建州陸羽茶經尚未知之但言福建等州未詳往往得之其味極佳江左近日方有蠟面之號丁謂北苑茶録云剏造之始莫有知者質之三館檢討杜鎬亦曰在江左日始記有研膏茶歐陽公歸田録亦云出福建而不言所起按唐氏諸家説中往往有蠟面茶之語則是自唐有之也

事物記原江左李氏别令取茶之乳作片或號京鋌的乳及骨子等是則京鋌之品自南唐始也苑録云的乳以降以下品雜鍊售之唯京師去者至真不雜意由此得名或曰自開寳來方有此茶當時識者云金陵僭國唯曰都下而以朝廷為京師今忽有此名其將歸京師乎

羅廪茶解按唐時産茶地僅僅如季疵所稱而今之虎邱羅岕天池顧渚松羅龍井鴈宕武夷靈川大盤日鑄

朱溪諸名茶無一與焉乃知靈草在在有之培植不嘉或疎於採製耳

潛確類書 茶譜袁州之界橋其名甚著不若湖州之研膏紫筍烹之有緑脚垂下又婺州有舉岩茶片片方細所出雖少味極甘芳煎之如碧玉之乳也

農政全書 玉壘關外寶唐山有茶樹產懸崖筍長三寸五寸方有一葉兩葉涪州出三般茶最上賓化其次白馬最下涪陵

煮泉小品茶自浙以北皆較勝惟閩廣以南不惟水不可輕飲而茶亦當慎之昔鴻漸未詳嶺南諸茶但云往往得之其味極佳余見其地多瘴癘之氣染着水草北人食之多致成疾故謂人當慎之也

茶譜通考岳陽之含膏冷劒南之緑昌明蘄門之團黄蜀川之雀舌巴東之真香夷陵之壓磚龍安之騎火

江南通志蘇州府吳縣西山産茶穀雨前采焙極細者販于市争先騰價以雨前為貴也

吳郡虎邱志虎邱茶僧房皆植名聞天下穀雨前摘細芽焙而烹之其色如月下白其味如荳花香近因官司征以饋遠山僧供茶一片費用銀數錢是以苦於賫送樹不修葺甚至刈斫之因以絶少

米襄陽志林蘄州穹窿山下有海雲菴菴中有二茶樹其二株皆連理葢二百餘年矣

姑蘇志虎邱寺西産茶朱安雅云今二山門西偏本名茶嶺

陳眉公太平清話洞庭中西盡處有仙人茶乃樹上之苔蘚也四皓采以為茶

圖經續記洞庭小青山塢出茶唐宋入貢下有水月寺因名水月茶

古今名山記支硎山茶塢多種茶

隨見録洞庭山有茶微似岕而細味甚甘香俗呼為嚇殺人產碧螺峯者尤佳名碧螺春

松江府志佘山在府城北舊有佘姓者修道於此故名

山産茶與笋並美有蘭花香味故陳眉公云余鄉佘
山茶與虎邱相伯仲
常州府志武進縣章山麓有茶巢嶺唐陸龜蒙嘗種
茶於此
天下名勝志南岳古名陽羨山即君山北麓孫皓既封
國後遂禪此山為岳故名唐時産茶充貢即所云南岳
貢茶也
常州宜興縣東南别有茶山唐時造茶入貢又名唐貢

山在縣東南三十五里均山鄉

武進縣志茶山路在廣化門外十里之内大墩小墩連綿簇擁有山之形唐代湖常二守會陽羨造茶修貢由此往返故名

檀几叢書茗山在宜興縣西南五十里永豐鄉皇甫曾有送羽南山采茶詩可見唐時貢茶在茗山矣

唐李栖筠守常州日山僧獻陽羨茶陸羽品爲芬芳冠世產可供上方遂置茶舍於洞靈觀歲造萬兩入貢後

韋夏卿徙於無錫縣罨畫谿上去湖㳇一里所許有穀
詩云陸羽名荒舊茶舍却教陽羨置郵忙是也
義興南岳寺唐天寶中有白蛇銜茶子墜寺前寺僧種
之庵側由此滋蔓茶味倍佳號曰蛇種土人重之每歲
爭先餉遺官司需索脩貢不絶迨今方春采茶清明日
縣令躬享白蛇於卓錫泉亭隆厥典也後來檄取山農
苦之故袁高有陰嶺茶未吐使者牒已頻之句郭三益
詩官符星火催春焙却使山僧怨白蛇盧仝茶歌安知

百萬億蒼生命墜顛崖受辛苦可見貢茶之累民亦自古然矣

洞山茶系　羅岕去宜興而南踰八九十里浙直分界只一山岡岡南即長興山兩峯相阻介就夷曠者人呼為岕云履其地始知古人制字有意今字書岕字但注云山名耳有八十八處前橫大磵水泉清駛潄潤茶根洩山土之肥澤故洞山為諸岕之最自西氿溯漲渚而入取道茗嶺甚險惡（縣西南八十里）自東氿溯湖汊而入取道灑

嶺稍夷才通車騎所出之茶厥有四品

第一品老廟後廟祀山之土神者瑞草叢鬱殆比茶星

肸蠁矣地不下二三畝苕溪姚象先與婿分有之茶皆

古本每年產不過二十斤色淡黄不緑葉筋淡白而厚

製成梗絶少入湯色柔白如玉露味甘芳香藏味中空

濛深永啜之愈出致在有無之外

第二品新廟後棋盤頂紗帽頂手巾條姚八房及吴江

周氏地產茶亦不能多香幽色白味冷雋與老廟不甚

別啜之差覺其薄耳此皆洞頂岕也總之岕品至此清

如孤竹和如柳下並入聖矣今人以色濃香烈為岕茶

真耳食而睞其似也

第三品廟後漲沙大袁頭姚洞羅洞主洞范洞白石

第四品下漲沙梧桐洞余洞石場丫頭岕留青岕黄龍

巖竈龍池此皆平洞本岕也

外山之長潮青口箵莊顧渚茅山岕俱不入品

岕茶彚鈔洞山茶之下者香清葉嫩着水香消棋盤頂

紗帽頂雄鷲頭茗嶺皆産茶地諸地有老柯嫩柯惟

老廟後無二梗葉叢密香不外散稱為上品也

鎮江府志潤州之茶傲山為佳

寰宇記揚州江都縣蜀岡有茶園茶甘旨如蒙頂蒙頂

在蜀故以名岡上有時會堂春貢亭皆造茶所今廢見

毛文錫茶譜

宋史食貨志散茶出淮南有龍溪雨前雨後之類

安慶府志六邑俱産茶以桐之龍山潛之閔山者為最

蒔茶源在潛山縣香茗山在太湖縣大小茗山在望江縣

隨見録宿松縣産茶嘗之頗有佳種但製不得法倘別其地辨其等製以能手品不在六安下

㣲州志茶産於松蘿而松蘿茶乃絶少其名則有勝金嫩桑仙芝來泉先春運合華英之品其不及號者為片茶八種近歲茶名細者有雀舌蓮心金芽次者為芽下白為走林為羅公又其次者為開園為軟枝為大方製

名號多端皆松蘿種也

吳從先茗說松蘿予土產也色如梨花香如荳蘂飲如嚼雪種愈佳則色愈白即經宿無茶痕固足美也秋露白片子更輕清若空但香大惹人難久貯非當家不能藏耳真者其妙若此畧溷他地一片色遂作惡不可觀矣然松蘿地如掌所產幾許而求者四方雲至安得不以他溷耶

黄山志蓮花菴旁就石縫養茶多輕香冷韻襲人斷

齶

昭代叢書張潮云吾鄉天都有抹山茶茶生石間非人力所能培植味淡香清足稱仙品採之甚難不可多得

隨見録松蘿茶近稱紫霞山者為佳又有南源北源名色其松蘿真品殊不易得黄山絶頂有雲霧茶别有風味超出松蘿之外

通志寧國府屬宣涇寧旌太諸縣各山俱産松蘿

名勝志寧國縣鵶山在文脊山北産茶充貢茶經云味

與蘄州同宋梅詢有茶煮鵶山雪滿甌之句今不可復得矣

農政全書宣城縣有丫山形如小方餅横鋪茗芽産其上其山東為朝日所燭號曰陽坡其茶最勝太守薦之京洛人士題曰丫山陽坡横文茶一名瑞草魁

南方草木狀宛陵茗池源茶根株頗碩生於陰谷春夏之交方發萌芽莖條雖長旗槍不展乍紫乍緑天聖初郡守李虛已同太史梅詢嘗試之品以為建溪顧渚不

如也

隨見録宣城有緑雪芽亦松蘿一類又有翠屏等名色其涇川涂茶芽細色白味香為上供之物

通志池州府屬青陽石埭建徳俱産茶貴池亦有之九華山閔公墓茶四方稱之

九華山志金地茶西域僧金地藏所植今傳枝梗空筒者是大抵烟霞雲霧之中氣常温潤與地上者不同味自異也

通志廬州府屬六安霍山並産名茶其最著惟白茅貢

尖即茶芽也每歲茶出知州具本恭進

六安州有小峴山出茶名小峴春為六安極品霍山有

梅花片乃黄梅時摘製色香兩兼而味稍薄又有銀針

丁香松蘿等名色

紫桃軒雜綴　余生平慕六安茶適一門生作彼中守寄

書託求數兩竟不可得殆絶意乎

陳眉公筆記　雲桑茶出瑯琊山茶類桑葉而小山僧焙

而藏之其味甚清

廣德州建平縣雅山出茶色香味俱美

浙江通志杭州錢塘富陽及餘杭徑山多產茶

天中記杭州寶雲山出者名寶雲茶下天竺香林洞者名香林茶上天竺白雲峯者名白雲茶

田子藝云龍泓今稱雲井因其深也郡志稱有龍居之非也蓋武林之山皆發源天目有龍飛鳳舞之讖故西湖之山以龍名者多非真有龍居之也有龍則泉不可

食矣泓上之閣亟宜去之浣花諸池尤所當浚

湖壖雜記龍井産茶作豈花香與香林寳雲石人塢垂雲亭者絶異採於穀雨前者尤佳啜之淡然似乎無味飲過後覺有一種太和之氣瀰淪於齒頰之間此無味之味乃至味也為益於人不淺故能療疾其貴如珍不可多得

坡仙食飲録寳嚴院垂雲亭亦産茶僧怡然以垂雲茶見餉坡報以大龍團

陶穀清異録開寶中竇儀以新茶餉予味極美奩面標云龍坡山子茶龍坡是顧渚山之别境

吳興掌故顧渚左右有大小官山皆為茶園明月峽在顧渚側絶壁削立大澗中流亂石飛走茶生其間尤為絶品張文規詩所謂明月峽中茶始生是也

顧渚山相傳以為吳王夫差於此顧望原隰可為城邑故名唐時其左右大小官山皆為茶園造茶充貢故其下有貢茶院

客伴不許草之

余居半歲

間便起坡單著

諸公載酒不輟，而余以疾每約置

清話而已。復借書劉李周三姓

好懶難辭。友知窮此隆念

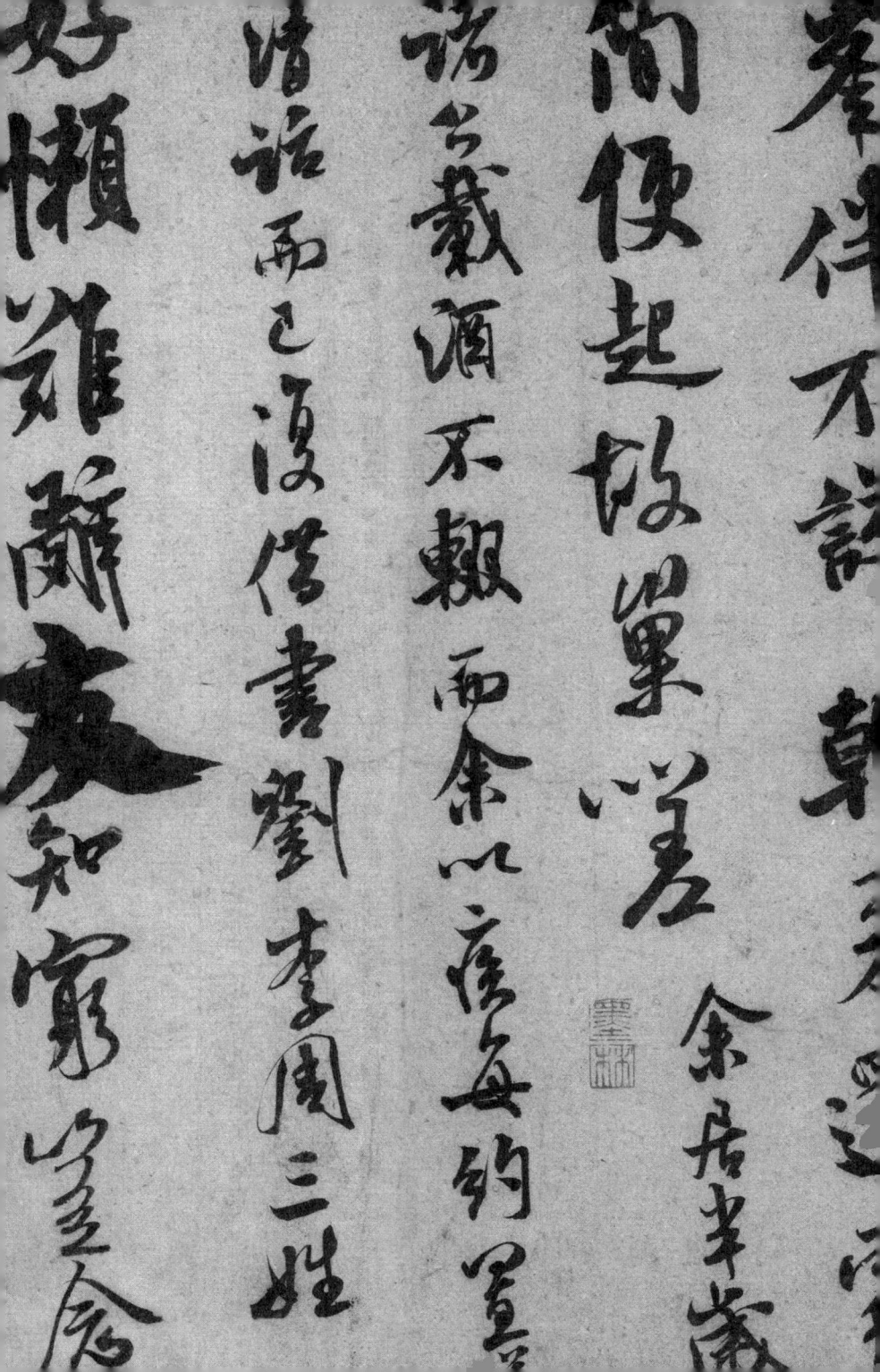

苕溪詩卷（局部）

北宋米芾書，行書手卷，紙本，縱 30.3 厘米，橫 189.5 厘米，現藏北京故宮博物院。

米芾（一〇五一—一一〇七），北宋書畫家。初名黻，後改芾，字元章，號海岳外史、鹿門居士等，與蔡襄、蘇軾、黃庭堅合稱『宋四家』。多才藝，能詩文，精鑒藏，書畫自成一家，創立了『米點山水』。書法博采前人眾長，尤得力于王獻之，工行草。

《苕溪詩卷》三十五行共三百九十四字，為自撰詩六首，書風真率自然，痛快淋漓，變化有致，逸趣盎然，反映了米芾中年書法的典型面貌，與《蜀素帖》並列成為尚意書風的傑出代表。

[illegible]

將之苕溪戲作呈
諸友　襄陽漫仕黻

蔡寬夫詩話湖州紫筍茶出顧渚在常湖二郡之間以其萌茁紫而似筍也每歲入貢以清明日到先薦宗廟後賜近臣

馮可賓岕茶牋環長興境產茶者曰羅嶰曰白巖曰烏瞻曰青東曰顧渚曰篠浦不可指數獨羅嶰最勝環嶰境十里而遥為嶰者亦不可指數嶰而曰岕兩山之介也羅隱隱此故名在小秦王廟後所以稱廟後羅岕也洞山之岕南面陽光朝旭夕輝雲滃霧浡所以味迥

別也

名勝志茗山在蕭山縣西三里以山中出佳茗也又上虞縣後山茶亦佳

方輿覽勝會稽有日鑄嶺嶺下有寺名資壽其陽坡名油車朝暮常有日茶産其地絶奇歐陽文忠云兩浙草茶日鑄第一

紫桃軒雜綴普陀老僧貽余小白巖茶一裹葉有白茸瀹之無色徐引覺凉透心腑僧云本巖歲止五六斤專

供大士僧得啜者寡矣

普陀山志茶以白華巖頂者為佳

天台記丹邱出大茗服之生羽翼

桑莊茹芝續譜天台茶有三品紫凝魏嶺小溪是也今諸處並無出産而土人所需多來自西坑東陽黄坑等處石橋諸山近亦種茶味甚清甘不讓他郡葢出自名山霧中宜其多液而全厚也但山中多寒萌發較遲兼之做法不佳以此不得取勝又所産不多僅足供山居

而已

天台山志葛仙翁茶圃在華頂峯上

羣芳譜安吉州茶亦名紫筍

通志茶山在金華府蘭溪縣

廣輿記鳩坑茶出嚴州府淳安縣方山茶出衢州府龍

游縣

勞大與甌江逸志浙東多茶品雁宕山稱第一每歲穀

雨前三日採摘茶芽進貢一槍兩旗而白毛者名曰明

茶穀雨日採者名雨茶一種紫茶其色紅紫其味尤佳香
氣尤清又名玄茶其味皆似天池而稍薄難種薄收土
人厭人求索園圃中少種間有之亦為識者取去按廬
仝茶經云温州無好茶天台瀑布甌水味薄唯鴈宕山
水為佳此山茶亦為第一曰去腥膩除煩惱却昏散消
積食但以錫瓶貯者得清香味不以錫瓶貯者其色雖
不堪觀而滋味且佳同陽羨山岕茶無二無別採摘近
夏不宜早炒做宜熟不宜生如法可貯二三年愈佳愈

能消宿食醒酒此為最者

王草堂茶説温州中㠘及漈上茶皆有名性不寒不熱

屠粹忠三才藻異舉巖婺茶也片片方細煎如碧乳

江西通志茶山在廣信府城北陸羽嘗居此

洪州西山白露鶴嶺號絶品以紫清香城者為最及雙井茶芽即歐陽公所云石上生茶如鳳爪者也又羅漢茶如荳苗因靈觀尊者自西山持至故名

南昌府志新建縣鵞岡西有鶴嶺雲物鮮美草木秀潤

産名茶異於他山

通志瑞州府出茶芽廖暹十咏呼為雀舌香焙云其餘臨江南安等府俱出茶廬山亦産茶

袁州府界橋出茶今稱仰山稠平木平者佳稠平者尤妙

贑州府寧都縣出林岕乃一林姓者以長指甲炒之采製得法香味獨絕因之得名

名勝志茶山寺在上饒縣城北三里按圖經即廣教寺

中有茶園數畝陸羽泉一勺羽性嗜茶環居皆植之烹以是泉後人遂以廣教寺爲茶山寺云宋有茶山居士曾吉甫名幾以兄開忤秦檜奉祠僑居此寺凡七年杜門不問世故

丹霞洞天志建昌府麻姑山産茶惟山中之茶爲上家園植者次之

饒州府志浮梁縣陽府山冬無積雪凡物早成而茶尤殊異金君卿詩云聞雷已薦雞鳴笋未雨先嘗雀舌茶

以其地暖故也

通志南康府出迮茶香味可愛茶品之最上者

九江府彭澤縣九都山出茶其味畧似六安

廣輿記德化茶出九江府又崇義縣多産茶

吉安府志龍泉縣匡山有苦齋章溢所居四面峭壁其下多白雲上多北風植物之味皆苦野蜂巢其間采花蘂作蜜味亦苦其茶苦於常茶

羣芳譜太和山騫林茶初泡極苦澀至三四泡清香特

異人以為茶寶

福建通志福州泉州建寧延平興化汀州邵武諸府俱產茶

合壁事類建州出大片方山之芽如紫筍片大極硬須湯浸之方可碾治頭痛江東老人多服之

謝肇淛五雜組鼓山半巖茶色香風味當為閩中第一不讓虎邱龍井也雨前者每兩僅十錢其價廉甚一云前朝每歲進貢至楊文敏當國始奏罷之然近來官取

其擾甚於進貢矣

柏巖福州茶也巖即柏梁臺

興化府志仙遊縣出鄭宅茶真者無幾大都以贋者雜之雖香而味薄

陳懋仁泉南雜志清源山茶青翠芳馨超軼天池之上南安縣英山茶精者可亞虎邱惜所產不若清源之多也閩地氣暖桃李冬花故茶較吳中差早

延平府志擾毛茶出南平縣半巖者佳

建寧府志北苑在郡城東先是建州貢茶首稱北苑龍團而武夷石乳之名未著至元時設場於武夷遂與北苑並稱今則但知有武夷不知有北苑矣吳越間人頗不足閩茶而甚艷北苑之名不知北苑實在閩也

宋無名氏北苑别録建安之東三十里有山曰鳳凰其下直北苑旁欄諸焙厥土赤壤厥茶惟上上太平興國中初為御焙歲模龍鳳以羞貢篚盖表珍異慶歴中漕臺益重其事品數日增制度日精厥今茶自北苑上者

獨冠天下非人間所可得也方其春蟲震蟄羣夫雷動
一時之盛誠為大觀故建人謂至建安而不詣北苑與
不至者同僕因攝事遂得研究其始末姑摭其大槩修
為十餘類目曰北苑别録云

御園

九窠十二隴　麥窠　壤園

龍游窠　小苦竹　苦竹裏

雞藪窠　苦竹　苦竹源

鼯鼠窠　教練隴　鳳凰山

大小焊　横坑　猿游隴

張坑　帶園　焙東

中歷　東際　西際

官平　石碎窠　上下官坑

虎滕窠　樓隴　蕉窠

新園　天樓基　院坑

曾坑　黄際　馬安山

林園　和尚園　黄淡窠

吳彦山　羅漢山　水桑窠

銅場　師如園　靈滋

苑馬園　高畬　大窠頭

小山

右四十六所廣袤三十餘里自官平而上為内園官坑而下為外園方春靈芽萌拆先民焙十餘日如九窠十二隴龍游窠小苦竹張

坑西際又為禁園之先也

東溪試茶録　舊記建安郡官焙三十有八丁氏舊録云官私之焙千三百三十有六而獨記官焙三十二東山之焙十有四北苑龍焙一乳橘内焙二乳橘外焙三重院四壑嶺五渭源六范源七蘇口八東宫九石坑十連溪十一香口十二火梨十三開山十四南溪之焙十有二下瞿一濛洲東二汾東三南溪四斯源五小香六際會七謝坑八沙龍九南鄉十中瞿十一黄熟十二西溪

之焙四慈善西一慈善東二慈惠三船坑四北山之焙二慈善東一豐樂二　外有曾坑石坑婺源葉源佛嶺沙溪等處惟婺源之茶甘香特勝

茶之名有七一曰白茶民間大重出於近歲園焙時有之地不以山川遠近發不以社之先後芽葉如紙民間以為茶瑞取其第一者為鬬茶次曰柑葉茶樹高丈餘徑頭七八寸葉厚而圓狀如柑橘之葉其芽發即肥乳長二寸許為食茶之上品三曰早茶亦類柑葉發常先

春民間採以為試焙者四曰細葉茶葉比柑葉細薄樹高者五六尺芽短而不肥乳今生沙溪山中葢土薄而不茂也五曰稽茶葉細而厚密芽晚而青黄六曰晚茶葢稽茶之類發比諸茶較晚生於社後七曰叢茶亦曰叢生茶高不數尺一歲之間發者數四貧民取以為利

品茶要録　壑源沙溪其地相背而中隔一嶺其去無數里之遥然茶産頓殊有能出力移栽植之亦為風土所化竊甞怪茶之為草一物耳其勢必猶得地而後異豈

水絡地脉偏鍾粹於婺源而御焙占此大岡巍隴神物
伏護得其餘蔭耶何其甘芳精至而美擅天下也觀夫
春雷一鳴筠籠纔起售者已擔簦挈槖於其門或先期
而散留金錢或茶纔入笪而争酬所直故婺源之茶常
不足容所求其有桀猾之園民陰取沙溪茶葉雜就家
棬而製之人耳其名晲其規模之相若不能原其實者
盖有之矣凡婺源之茶售以十則沙溪之茶售以五其
直大率倣此然沙溪之園民亦勇於覔利或雜以松黃

飾其首面凡肉理怯薄體輕而色黄者試時鮮白不能久泛香薄而味短者沙溪之品也凡肉理實厚質體堅而色紫試時泛盞凝久香滑而味長者壑源之品也

潛確類書歴代貢茶以建寧為上有龍團鳳團石乳滴乳緑昌明頭骨次骨末骨鹿骨山挺等名而密雲龍最高皆碾屑作餅至國朝始用芽茶曰探春先春曰次春曰紫筍而龍鳳團皆廢矣

名勝志北苑茶園屬甌寧縣舊經云僞閩龍啓中里

人張暉以所居北苑地宜茶悉獻之官其名始著

三才藻異石巖白建安能仁寺茶也生石縫間

建寧府屬浦城縣江郎山出茶即名江郎茶

武夷山志前朝不貴閩茶即貢者亦只備宫中浣濯甌盞之需貢使類以價貨京師所有者納之閒有採辦皆劍津廖地産非武夷也黄冠每市山下茶登山貿之人莫能辨

茶洞在接笋峯側洞門甚隘内境夷曠四週皆穹崖壁

立土人種茶視他處為最盛

崇安殷令招黄山僧以法蘿法製建茶真堪並駕人甚珍之時有武夷松蘿之目

王梓茶説武夷山週廻百二十里皆可種茶茶性他産多寒此獨性温其品有二在山者為巖茶上品在地者為洲茶次之香清濁不同且泡時巖茶湯白洲茶湯紅以此為别雨前者為頭春稍後為二春再後為三春又有秋中採者為秋露白最香須種植采摘烘焙得宜則

香味兩絶然武夷本石山峯巒載土者寥寥故所產無幾若洲茶所在皆是即鄰邑近多栽植運至山中及星村墟市賈售皆冒充武夷更有安溪所產尤為不堪或品嘗其味不甚貴重者皆以假亂真誤之也至於蓮子心白毫皆洲茶或以木蘭花熏成欺人不及巖茶遠矣

張大復梅花筆談經云嶺南生福州建州今武夷所產其味極佳蓋以諸峯拔立正陸羽所云茶上者生爛石中者耶

草堂雜録武夷山有三味茶苦酸甜也别是一種飲之味果屢變相傳能解酲消脹然采製甚少售者亦稀

隨見録武夷茶在山上者為巖茶水邊者為洲茶巖茶為上洲茶次之巖茶北山者為上南山者次之南北兩山又以所産之巖名為名其最佳者名曰工夫茶工夫之上又有小種則以樹名為名每株不過數兩不可多得洲茶名色有蓮子心白毫紫毫龍鬚鳳尾花香蘭香清香奥香選芽漳芽等類

廣輿記泰寧茶出邵武府

福寧州大姥山出茶名緑雪芽

湖廣通志武昌茶出通山者上崇陽蒲圻者次之

廣輿記崇陽縣龍泉山周二百里山有洞好事者持炬

而入行數十步許坦平如室可容千百衆石渠流泉清

冽鄉人號曰魯溪巖産茶甚甘美

天下名勝志湖廣江夏縣洪山舊名東山茶譜云鄂州

東山出茶黑色如韭食之已頭痛

武昌郡志茗山在蒲圻縣北十五里產茶又大冶縣亦有名山

荆江土地記武陵七縣通出茶最好

岳陽風土記灉湖諸山舊出茶謂之灉湖茶李肇所謂岳州灉湖之含膏是也唐人極重之見於篇什今人不甚種植惟白鶴僧園有千餘本土地頗類北苑所出茶一歲不過一二十斤土人謂之白鶴茶味極甘香非他處艸茶可比㳄茶園地色亦相類但土人不甚植爾

通志長沙茶陵州以地居茶山之陰因名昔炎帝葬於茶山之野茶山即雲陽山其陵谷間多生茶茗故也

長沙府出茶名安化茶辰州茶出漵浦郴州亦出茶

類林新咏長沙之石楠葉摘芽為茶名欒茶可治頭風湘人以四月四日摘楊桐草擣其汁拌米而蒸猶糕糜之類必啜此茶乃去風也尤宜暑月飲之

合璧事類潭郡之間有渠江中出茶而多毒蛇猛獸鄉人每年采擷不過十五六斤其色如鐵而芳香異常烹

之無脚

湘潭茶味畧似普洱土人名曰芙蓉茶

茶事拾遺潭州有鐵色夷陵有壓磚

通志靖州出茶油蘄州有茶山產茶

河南通志羅山茶出河南汝寧府信陽州

桐柏山志瀑布山一名紫凝山產大葉茶

山東通志兗州府費縣蒙山石巔有花如茶土人取而

製之其味清香迥異他茶貢茶之異品也

輿志蒙山一名東山上有白雲巗産茶亦稱蒙頂王草堂云乃石上之苔為之非茶類也

廣東通志廣州韶州南雄肇慶各府及羅定州俱産茶西樵山在郡城西一百二十里峰巒七十有二唐末詩人曹松移植顧渚茶於此居人遂以茶為生業

韶州府曲江縣曹溪茶歲可三四採其味清甘

潮州大埔縣肇慶恩平縣俱有茶山德慶州有茗山欽州靈山縣亦有茶山

吳陳琰曠園雜志瑞州白雲山出雲獨奇山故蒔茶在
絶壁歲不過得一石許價可至百金

王草堂雜録粵東珠江之南産茶曰河南茶潮陽有鳳
山茶樂昌有毛茶長樂有石茗瓊州有靈茶烏藥茶云

嶺南雜記廣南出苦薆茶俗呼為苦丁非茶也葉大如
掌一片入壺其味極苦少則反有甘味噙嚥利咽喉之
症功並山豆根

化州有琉璃茶出琉璃菴其産不多香與峒岕相似

僧人奉客不及一兩

羅浮有茶產於山頂石上剎之如蒙山之石茶其香倍於廣岕不可多得

南越志　龍川縣出皐盧味苦澀南海謂之過盧

陝西通志　漢中府興安州等處產茶如金州石泉漢陰平利西鄉諸縣各有茶園他郡則無

四川通志　四川產茶州縣凡二十九處成都府之資陽安縣灌縣石泉崇慶等重慶府之南川黔江酆都武隆

彭水等夔州府之建始開縣等及保寧府遵義府嘉定州瀘州雅州烏蒙等處

東川茶有神泉獸目邛州茶曰火井

華陽國志涪陵無蠶桑惟出茶丹漆蜜蠟

南方草木狀蒙頂茶受陽氣全故芳香唐李德裕入蜀得蒙餅以沃於湯瓶之上移時盡化乃驗其真蒙頂又有五花茶其片作五出

毛文錫茶譜蜀州晉原洞口横原珠江青城有横芽雀

舌烏觜麥顆蓋取其嫩芽所造以形似之也又有片甲蟬翼之異片甲者早春黄芽其葉相抱如片甲也蟬翼者其葉嫩薄如蟬翼也皆散茶之最上者

東齋紀事蜀雅州蒙頂產茶最佳其生最晚每至春夏之交始出常有雲霧覆其上者若有神物護持之

羣芳譜峽州茶有小江園碧澗寮明月房茱萸寮等

陸平泉茶寮記事蜀雅州蒙頂上有火前茶最好謂禁火以前採者後者謂之火後茶有露芽穀芽之名

述異記巴東有真香茗其花白色如薔薇煎服令人不眠能誦無忘

廣輿記峩嵋山茶其味初苦而終甘又瀘州茶可療風疾又有一種烏茶出天全六番招討使司境内

王新城隴蜀餘聞蒙山在名山縣西十五里有五峯最高者曰上清峯其巔一石大如數間屋有茶七株生石上無縫罅云是甘露大師手植每茶時葉生智炬寺僧輒報有司往視籍記其葉之多少采製纔得數錢許明時

貢京師僅一錢有奇環石別有數十株曰陪茶則供藩府諸司之用而已其旁有泉恒用石覆之味清妙在惠泉之上

雲南記名山縣出茶有山曰蒙山聯延數十里在西南

按拾遺志尚書所謂蔡蒙旅平者蒙山也在雅州凡蜀茶盡出此

雲南通志茶山在元江府城西北普洱界太華山在雲南府西産茶色味似松蘿名曰太華茶

普洱茶出元江府普洱山性温味香兒茶出永昌府俱作團又感通茶出大理府點蒼山感通寺

續博物志威遠州即唐南詔銀生府之地諸山出茶收采無時雜椒薑烹而飲之

廣輿記雲南廣西府出茶又灣甸州出茶其境内孟通山所産亦類陽羡茶穀雨前採者香

曲靖府茶子叢生單葉子可作油

許鶴沙滇行紀程滇中陽山茶絶類松蘿

天中記容州黄家洞出竹茶其葉如嫩竹土人採以作
飲甚甘美 廣西容縣 唐容州

貴州通志 貴陽府產茶出龍里東苗坡及陽寶山土人
製之無法味不佳近亦有採芽以造者稍可供啜
威寧府茶出平遠產岩間以法製之味亦佳

地圖綜要 貴州新添軍民衛產茶平越軍民衛亦出茶

研北雜志 交趾出茶如綠苔味辛烈名曰登

續茶經卷下之四

續茶經卷下之五

候補主事陸廷燦撰

九之畧

茶事著述名目

茶經三卷　唐太子文學陸羽撰

茶記三卷　前人見國史經籍志

顧渚山記二卷　前人

煎茶水記一卷　江州刺史張又新撰

采茶録三卷　温庭筠撰

補茶事　太原温從雲　武威段碣之

茶訣三卷　釋皎然撰

茶述　裴汶

茶譜一卷　偽蜀毛文錫

大觀茶論二十篇　宋徽宗撰

建安茶録三卷　丁謂撰

试茶録二卷　蔡襄撰
進茶録一卷　前人
品茶要録一卷　建安黄儒撰
建安茶記一卷　吕惠卿撰
北苑拾遺一卷　劉异撰
北苑煎茶法　前人
東溪試茶録　宋子安集一作朱子安
補茶經一卷　周絳撰

又一卷　前人

北苑總録十二卷　曾伉録

茶山節對一卷　攝衢州長史蔡宗顔撰

茶譜遺事一卷　前人

宣和北苑貢茶録　建陽熊蕃撰

宋朝茶法　沈括

茶論　前人

北苑別録一卷　趙汝礪撰

北苑别録　無名氏

造茶雜録　張文規

茶雜文一卷　集古今詩文及茶者

壑源茶録一卷　章炳文

北苑别録　熊克

龍焙美成茶録　范逵

茶法易覽十卷　沈立

建茶論　羅大經

煮茶泉品 葉清臣

十友譜茶譜 失名

品茶一篇 陸魯山

續茶譜 桑莊茹芝

茶録 張源

煎茶七類 徐渭

茶寮記 陸樹聲

茶譜 顧元慶

茶具圖一卷　前人

茗笈　屠本畯

茶録　馮時可

岕山茶記　熊明遇

茶疏　許次杼

八牋茶譜　髙濂

煮泉小品　田藝衡

茶牋　屠隆

岕茶牋　馮可賓

峒山茶系　周高起伯高

水品　徐獻忠

竹嬾茶衡　李日華

茶解　羅廪

松寮茗政　卜萬祺

茶譜　錢友蘭翁

茶集一卷　胡文煥

茶記　呂仲吉

茶箋　聞龍

岕茶別論　周慶叔

茶董　夏茂卿

茶說　邢士襄

茶史　趙長白

茶說　吴從先

武夷茶說　袁仲儒

茶譜　朱碩儒見黄與堅集

岕茶彙鈔　冒襄

茶考　徐𤒹

羣芳譜茶譜　王象晉

佩文齋廣羣芳譜茶譜

詩文名目

杜毓荈賦

顧况茶賦

吴淑茶賦

李文簡茗賦

梅堯臣南有佳茗賦

黄庭堅煎茶賦

程宣子茶銘

曹暉茶銘

蘇廙仙芽傳

湯悦森伯傳

蘇軾葉嘉傳

支廷訓湯藴之傳

徐巖泉六安州茶居士傳

吕温三月三日茶晏序

熊禾北苑茶焙記

趙孟熧武夷山茶場記

温都爾哷山臺記

文德翼廬山免給茶引記

茅一相茶譜序

清虚子茶論

何恭茶議

汪可立茶經後序

吴旦茶經跋

童承叙論茶經書

趙觀煮泉小品序

詩文摘句

合璧事類龍溪除起宗制有云必能為我講摘山之制得充厩之良

胡文恭行孫諮制有云領算商車典領茗軸

唐武元衡有謝賜新火及新茶表劉禹錫柳宗元有代武中丞謝賜新茶表

韓翃為田神玉謝賜茶表有味足蠲邪助其正直香堪愈疾沃以勤勞吳主禮賢方聞置茗晉臣愛客纔有分茶之句

宋史李稷重秋葉黄花之禁

宋通商茶法詔乃歐陽修筆代福建提舉茶事謝上表

乃洪邁筆

謝宗謝茶啓比丹邱之仙芽勝烏程之御荈不止味同

露液白况霜華豈可為酪蒼頭便應代酒從事

茶榜雀舌初調玉盌分時茶思健龍團搥碎金渠碾處

睡魔降

劉言史與孟郊洛北野泉上煎茶有詩

僧皎然尋陸羽不遇有詩

白居易有睡後茶興憶楊同州詩

皇甫曾有送陸羽採茶詩

劉禹錫石園蘭若試茶歌有云欲知花乳清泠味須是眠雲跂石人

鄭谷峽中嘗茶詩入座半甌輕泛綠開緘數片淺含黄

杜牧茶山詩山實東南秀茶稱瑞草魁

施肩吾詩茶為滌煩子酒為忘憂君

秦韜玉有採茶歌

顔真卿有月夜啜茶聯句詩

司空圖詩碾盡明昌幾角茶

李羣玉詩客有衡山隱遺余石廩茶

李郢酬友人春暮寄枳花茶詩

蔡襄有北苑茶壟採茶造茶試茶詩五首

朱熹集香茶供養黄柏長老悟公塔有詩

文公茶坂詩攜籯北嶺西採葉供茗飲一啜夜牕寒跏

趺謝衾枕

蘇軾有和錢安道寄惠建茶詩

坡仙食飲録有問大冶長老乞桃花茶栽詩

韓駒集謝人送鳳團茶詩白髮前朝舊史官風爐煮茗暮江寒蒼龍不復從天下拭淚看君小鳳團

蘇轍有咏茶花詩二首有云細嚼花鬚味亦長新芽一粟葉間藏

孔平仲夢錫惠墨答以蜀茶有詩

岳珂茶花盛放滿山詩有潔躬淡薄隱君子苦口森嚴大丈夫之句

趙抃集次謝許少卿寄卧龍山茶詩有越芽遠寄入都時詶唱爭誇互見詩之句

文彥博詩舊譜最稱蒙頂味露芽雲液勝醍醐

張文規詩明月峽中茶始生明月峽與顧渚聯屬茶生其間者尤為絶品

孫覿有飲修仁茶詩

韋處厚茶嶺詩顧渚吳霜絶蒙山蜀信稀千叢因此始
含露紫茸肥

周必大集胡邦衡生日以詩送北苑八銙日注二瓶賀
客稱觴滿冠霞懸知酒渴正思茶尚書八餅分閩焙主
簿雙瓶揀越芽又有次韻王少府送焦坑茶詩

陸放翁詩寒泉自换菖蒲水活火閒煎橄欖茶又村舍
雜書東山石上茶鷹爪初脱鞲雪落紅絲磑香動銀毫
甌爽如聞至言餘味終日留不知葉家白亦復有此否

劉詵詩鷓鴣茶香堪供客茶蘼酒熟足娛親

王禹偁茶園詩茂育知天意甄收荷主恩沃心同直諫苦口類嘉言

梅堯臣集宋著作寄鳳茶詩團為蒼玉璧隱起雙飛鳳獨應近臣頒豈得常寮共又李求仲寄建溪洪井茶七品云忽有西山使始遺七品茶末品無水暈六品無沈柤五品散雲脚四品浮粟花三品若瓊乳二品罕所加絕品不可議甘香焉等差又答宣城梅主簿遺鵶山茶

詩云昔觀唐人詩茶咏鴉山嘉鴉御茶子生遂同山名

鴉又有七寶茶詩云七物甘香雜蕊茶浮花泛緑亂於

霞啜之始覺君恩重休作尋常一等誇又吳正仲餉新

茶沙門頴公遺碧霄峯茗俱有吟咏

戴復古謝史石窗送酒并茶詩曰遺来二物應時須客

子行厨用有餘午困政需茶料理春愁全仗酒消除

費氏宫詞近被宫中知了事每来隨駕使煎茶

楊廷秀有謝木舍人送講筵茶詩

葉適有寄謝王文叔送真日鑄茶詩云誰知真苦澁黯淡發奇光

杜本武夷茶詩春從天上来噓咈通寰海納納此中藏萬斛珠蓓蕾

劉秉忠嘗雲芝茶詩云鐵色皺皮帶老霜含英咀美入詩腸

高啓有月團茶歌又有茶軒詩

楊慎有和章水部沙坪茶歌沙坪茶出玉壘關外寶唐

山

董其昌贈煎茶僧詩怪石與枯槎相將度歲華鳳團雖貯好只吃趙州茶

婁堅有花朝醉後為女郎題品泉圖詩

程嘉燧有虎邱僧房夏夜試茶歌

南宋雜事詩云六一泉烹雙井茶

朱隗虎邱竹枝詞官封茶地雨前開皂隸衙官攪似雷

近日正堂偏體貼監茶不遣掾曹来

綿津山人漫堂咏物有大食索耳茶盃詩云粤香泛永夜詩思来悠然注武夷有粤香茶

薛熙依歸集有朱新菴令茶譜序

續茶經卷下之五

欽定四庫全書

續茶經卷下之六

候補主事陸廷燦撰

十之圖

歷代圖畫名目

唐張萱有烹茶士女圖見宣和畫譜

唐周昉寓意丹青馳譽當代宣和御府所藏有烹茶

圖一

五代陸滉烹茶圖一宋中興館閣儲藏

宋周文矩有火龍烹茶圖四煎茶圖一

宋李龍眠有虎阜采茶圖見題跋

宋劉松年絹畫盧仝煮茶圖一卷有元人跋十餘家

范司理龍石藏

王齊翰有陸羽煎茶圖見王世懋澹園畫品

董逌陸羽點茶圖有跋

元錢舜舉畫陶學士雪夜煮茶圖在焦山道士郭第

處見詹景鳳東岡玄覽

史石窻名文郁有煮茶圖袁桷作煮茶圖詩序

馮璧有東坡海南烹茶圖并詩

嚴氏書畫記有杜檉居茶經圖

汪珂玉珊瑚網載盧仝烹茶圖

明文徵明有烹茶圖

沈石田有醉茗圖題云酒邊風月與誰同陽羡春雷

醉耳聾七椀便堪酬酩酊任渠高枕夢周公

沈石田有為吳匏庵寫虎邱對茶坐雨圖

淵鑒齋書畫譜陸包山治有烹茶圖

補 元趙松雪有宫女啜茗圖見漁洋詩話劉孔和詩

茶具十二圖

韋鴻臚

贊曰祝融司夏萬物焦爍火炎昆岡玉石俱焚爾無與焉乃若不使山谷之英墮於塗炭子與有力矣上卿之號頗著微稱

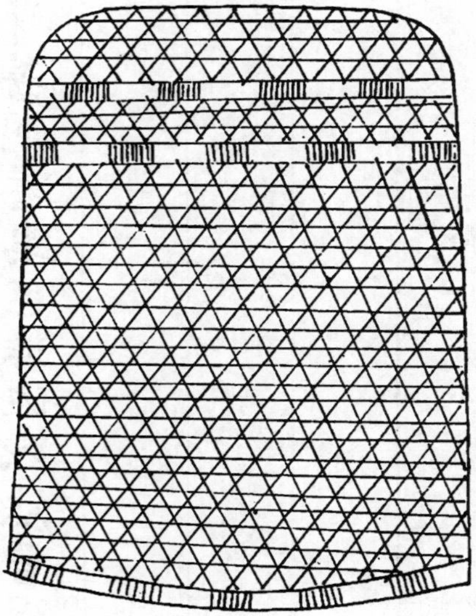

木待制

上應列宿萬民以濟禀性剛直摧折疆梗使隨方逐圓之徒不能保其身善則善矣然非佐以法曹資之樞密亦莫能成厥功

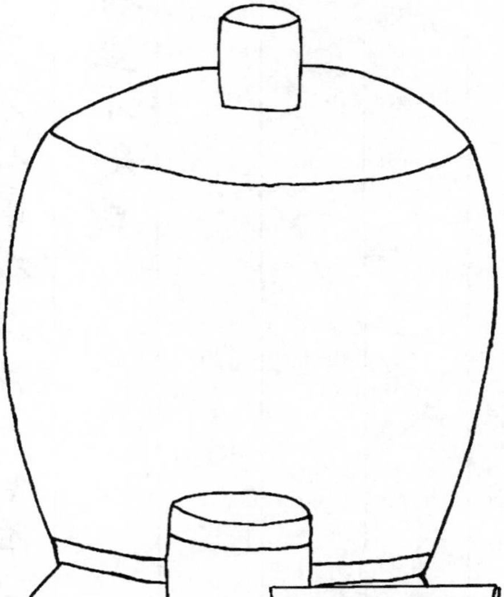

金法曹

柔亦不茹剛亦不吐圓機運用一皆有法使強梗者不得殊軌亂轍豈不韙與

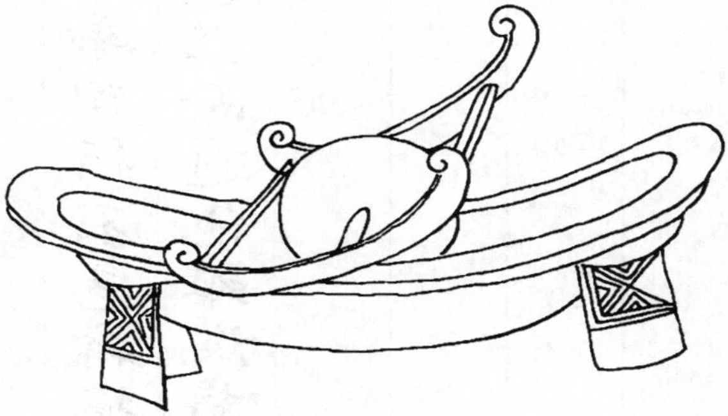

石轉運

抱堅質懷直心嚌嚅英華周行不怠斡摘山之利操漕權之重循環自常不舍正而適他雖沒齒無怨言

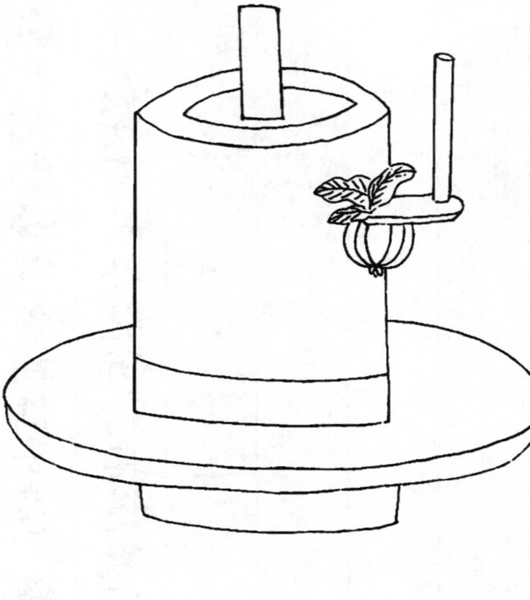

胡員外

周旋中規而不逾其間動靜有常而性苦其卓鬱結之患悉能破之雖中無所有而外能研究其精微不足以望圓機之士

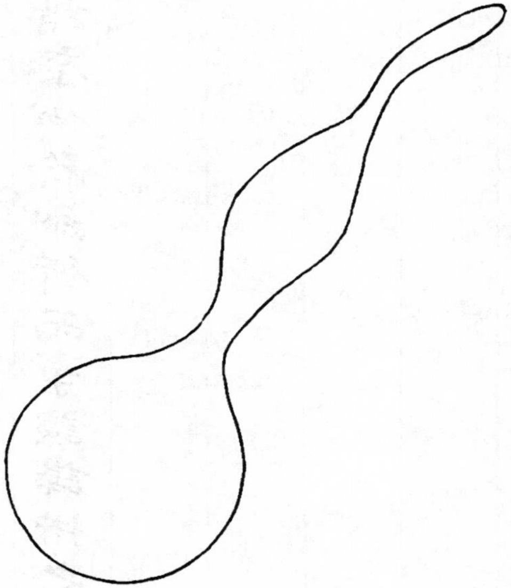

羅樞密

機事不密則害成今高者抑之下者揚之使精粗不致於混淆人其難諸奈何矜細行而事諠譁惜之

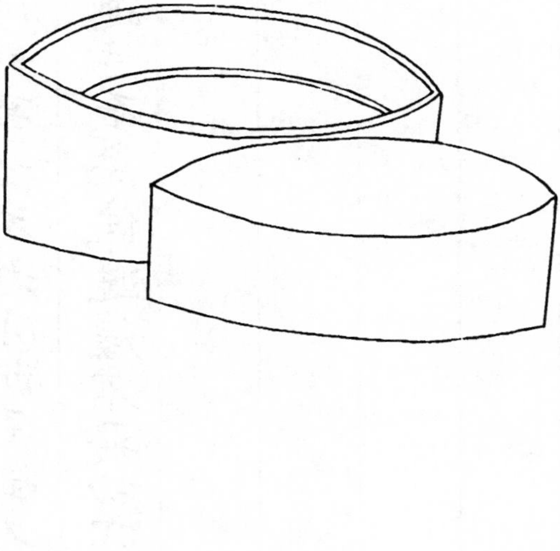

宗從事

孔門高弟當灑掃應對事之末者亦所不棄又況能萃其既散拾其已遺運寸毫而使邊塵不飛功亦善哉

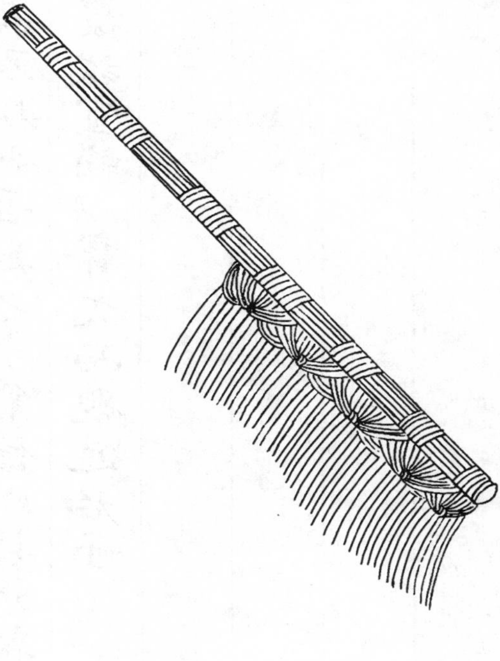

漆雕秘閣

危而不持顛而不扶則吾斯之未能信以其弭執熱之患無坳堂之覆故宜輔以寶文而親近君子

陶寳文

出河濵而無苦窳經緯之象剛柔之理炳其綳中虚已待物不飾外貎休髙秘閣宜無愧焉

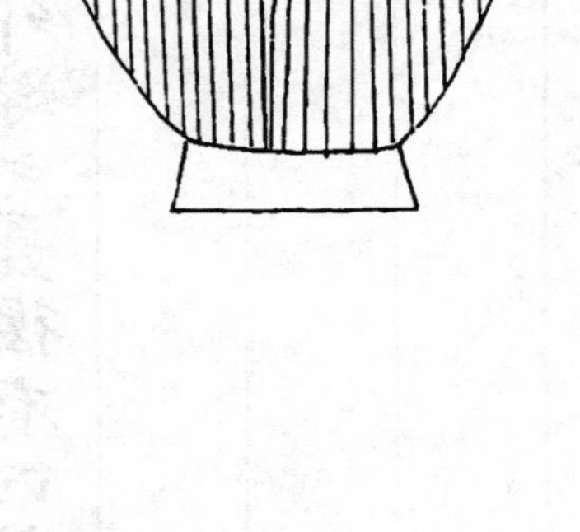

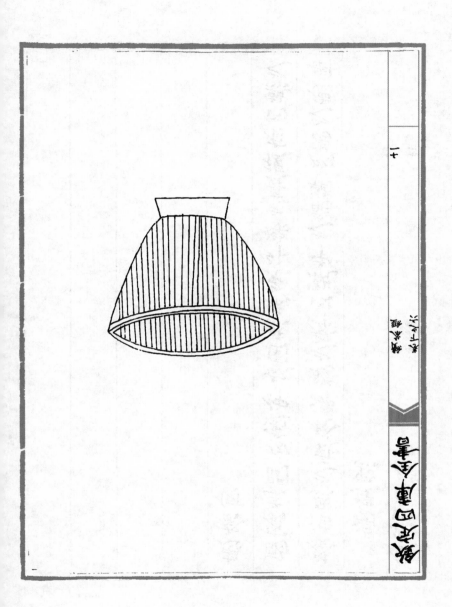

湯提點

養浩然之氣發沸騰之聲以執中之能輔成湯之德斟酌賓主間功邁仲叔圉然未免外爍之憂復有内熱之患奈何

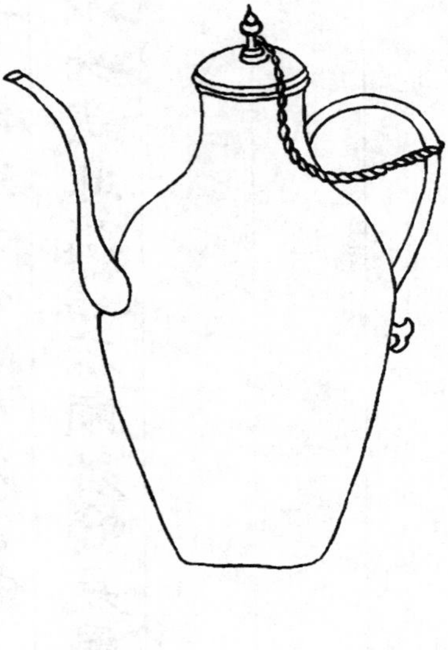

竺副師

首陽餓夫毅諫於兵沸之時方今鼎揚湯能探其沸者

幾希子之清節獨以身試非臨難不顧者疇見爾

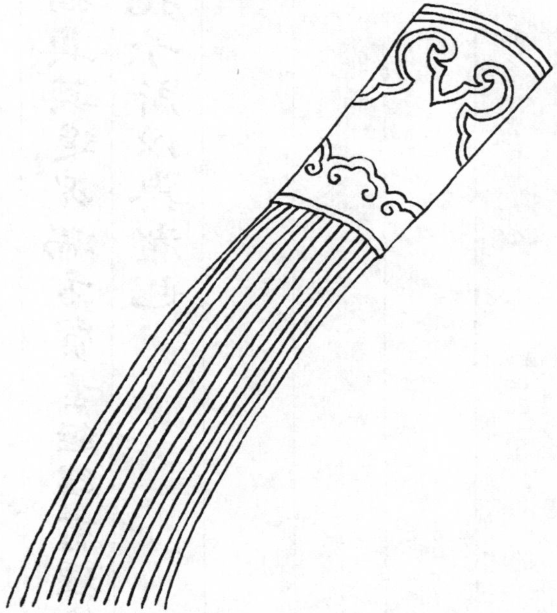

司職方

互鄉童子聖人猶與其進況端方質素經緯有理終身涅而不緇者此孔子所以與潔也

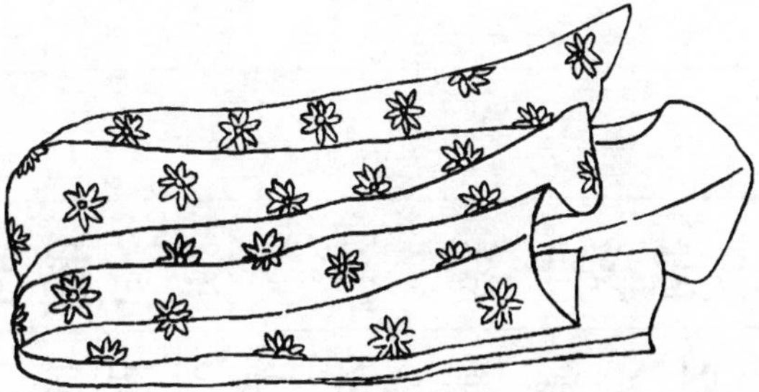

竹爐并分封茶具六事

苦節君

銘曰肖形天地匪冶匪陶心存活火聲帶湘濤一滴甘露滌我詩腸清風兩腋洞然八荒 錫山盛顒

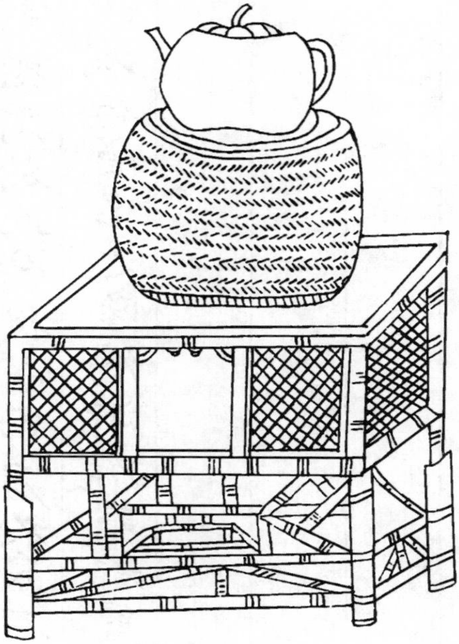

苦節君行省

茶具六事分封悉貯於此侍從苦節君於泉石山齋亭館間執事者故以行省名之陸鴻漸所謂都籃者此其是與

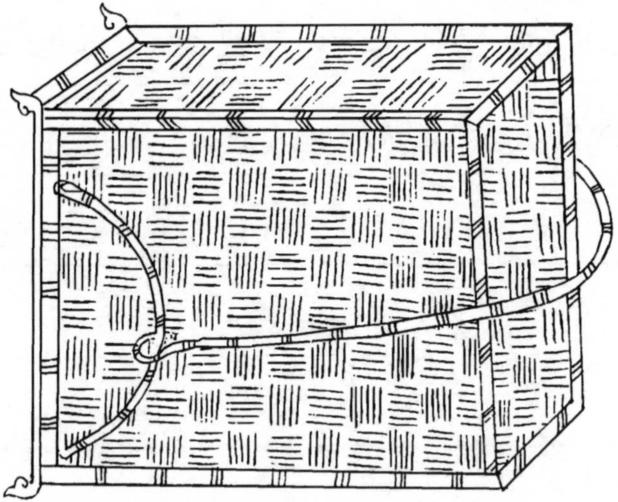

建城

茶宜密裹故以箬籠盛之今稱建城按茶録云建安民間以茶為尚故據地以城封之

乞蹔付去人專愛護便納上餘寒更乞

保重冗中不謹　軾再拜

季常先生丈閣下　正月二日

子由亦曾言方子明者他亦不甚怪也得非

柳中舍已到家言未及奉慰疏且告

伸意伸意　柳丈昨得書人還即奉謝次

知壁畫已壞了不須快悵但頓著潤

筆新屋下不愁無好畫也

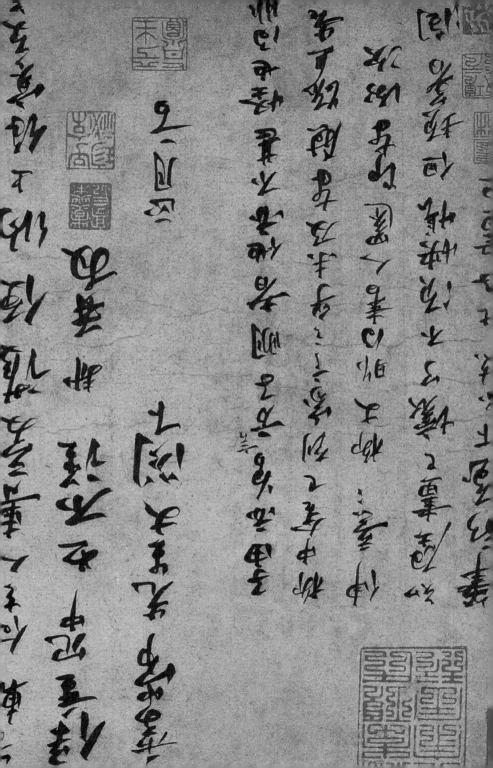

《新歲展慶帖》《人來得書帖》合卷（局部）

北宋蘇軾書，行書，紙本，前帖縱 30.2 厘米，橫 48.8 厘米，後帖縱 29.5 厘米，橫 45.1 厘米，現藏北京故宮博物院。

蘇軾（一〇三七—一一〇一），北宋文學家、書法家。字子瞻，號東坡居士。少負才名，博通經史，為唐宋八大家之一。擅行、楷書，師法李邕、徐浩、顏真卿、楊凝式，而能自創新意。主張『我書意造本無法』，又說『余書如綿裹鐵』，力推尚意書風，與黃庭堅、米芾、蔡襄並稱『宋四家』。

此二帖均是蘇軾寫給陳慥的書劄，《新歲展慶帖》是相約陳慥與公擇同于上元時在黃州相會之事；《人來得書帖》是為陳慥的哥哥伯誠之死而慰問陳慥所作。二帖下筆自然流暢，勁媚秀逸，筆筆交代分明，精心用意，是蘇軾由早年書步入中年書的佳作。

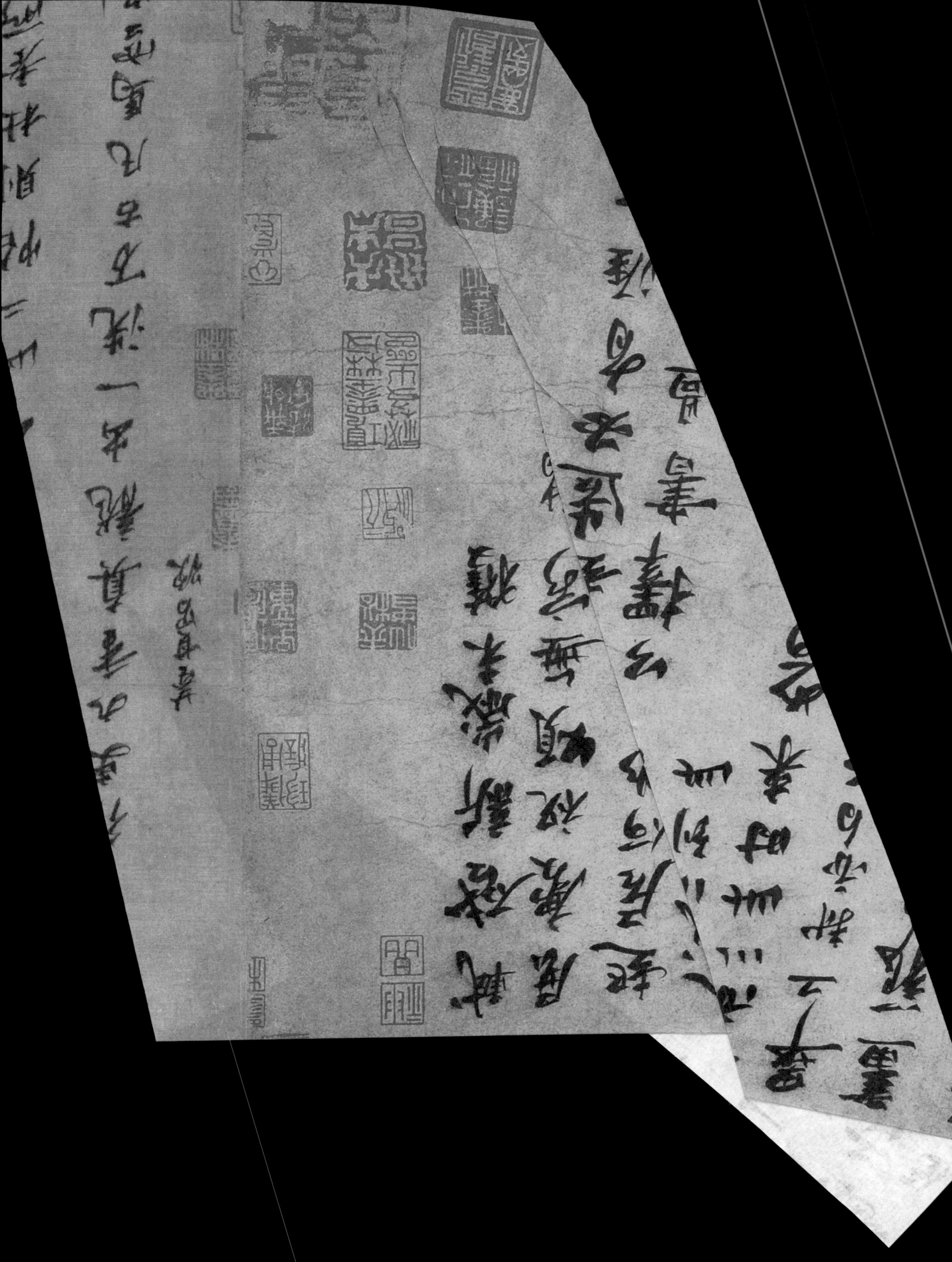

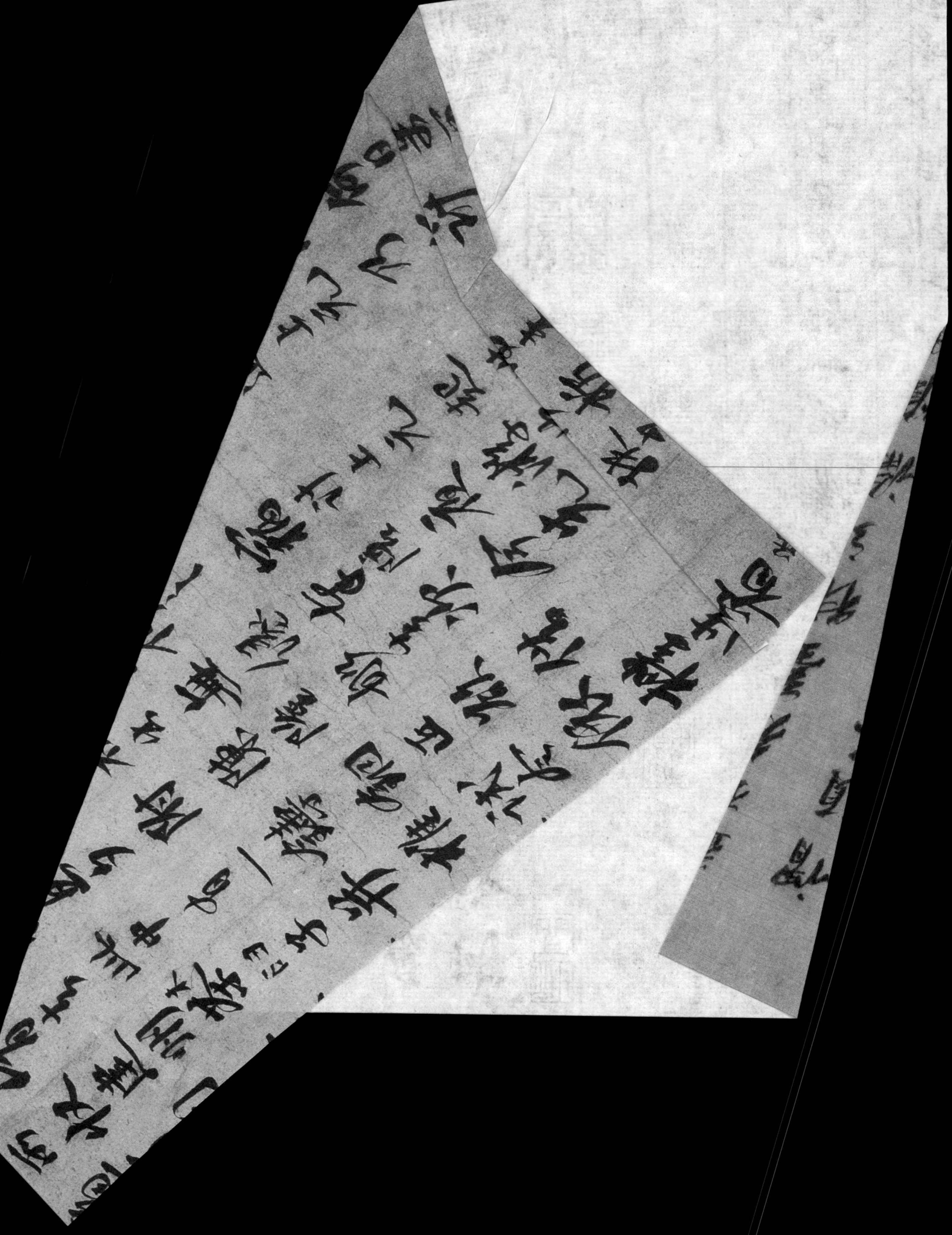

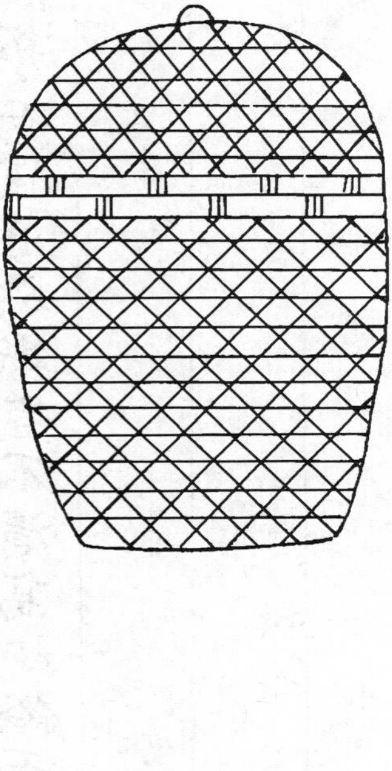

雲屯

泉汲於雲根取其潔也今名雲屯葢雲即泉也貯得其所雖與列職諸君同事而獨屯於斯豈不清高絶俗而自貴哉

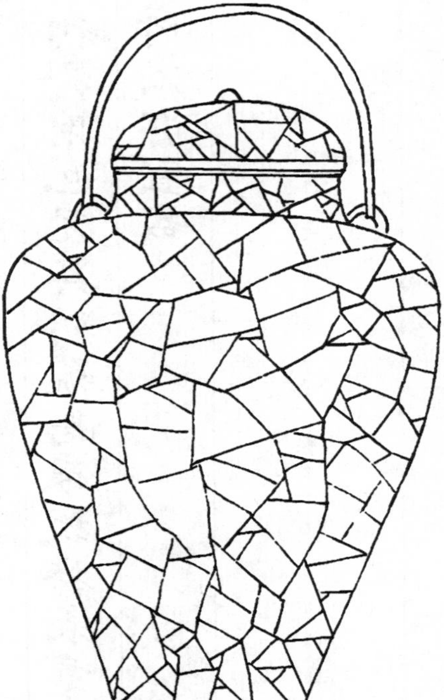

烏府

炭之為物貌玄性剛遇火則威靈氣餤赫然可畏苦節君得此甚利於用也况其別號烏銀故特表章其所藏之具曰烏府不亦宜哉

水曹

茶之真味蕴諸旗鎗之中必浣之以水而後發也凡器物用事之餘未免殘瀝微垢皆頼水沃盥因名其器曰水曹

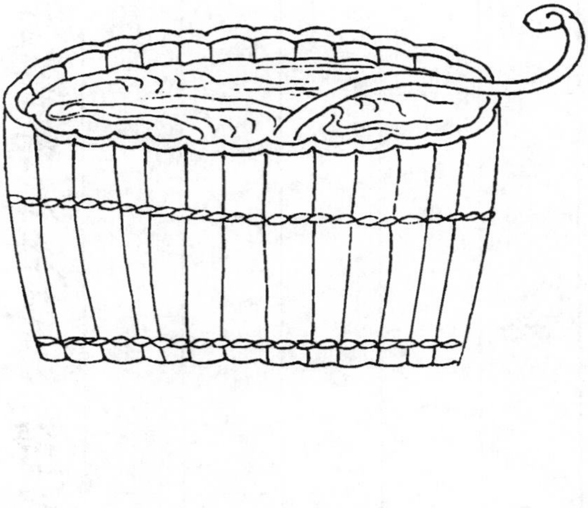

器局

一應茶具收貯於器局供役苦節君者故立名管之

品司

荼欲啜時入以笋欖瓜仁芹蒿之屬則清而且佳因命

湘君設司檢束

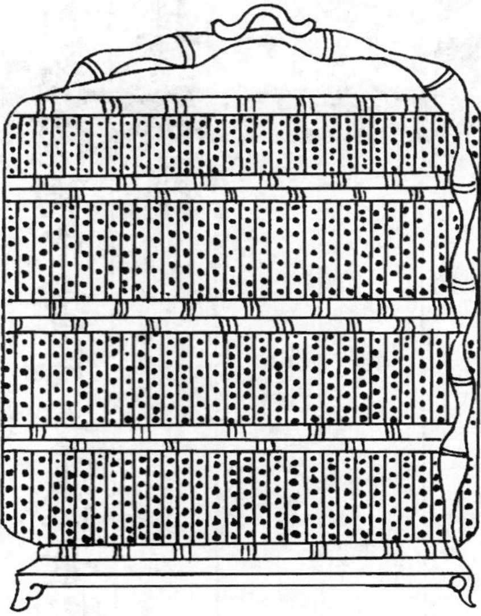

羅先登續文房圖贊

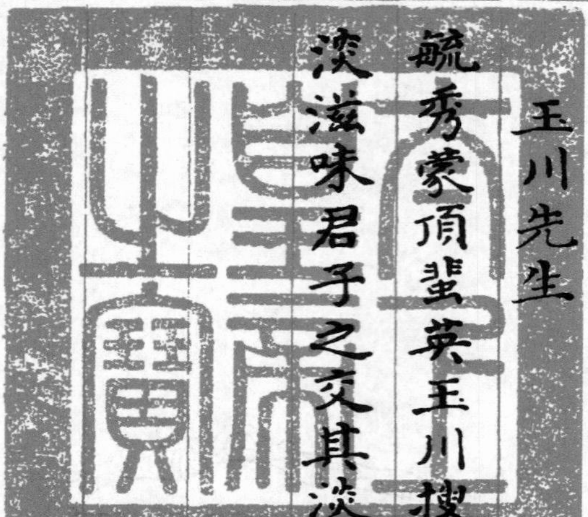

玉川先生

毓秀蒙頂蜚英玉川搜攪胸中書傳五千儒素家風清

淡滋味君子之交其淡如水

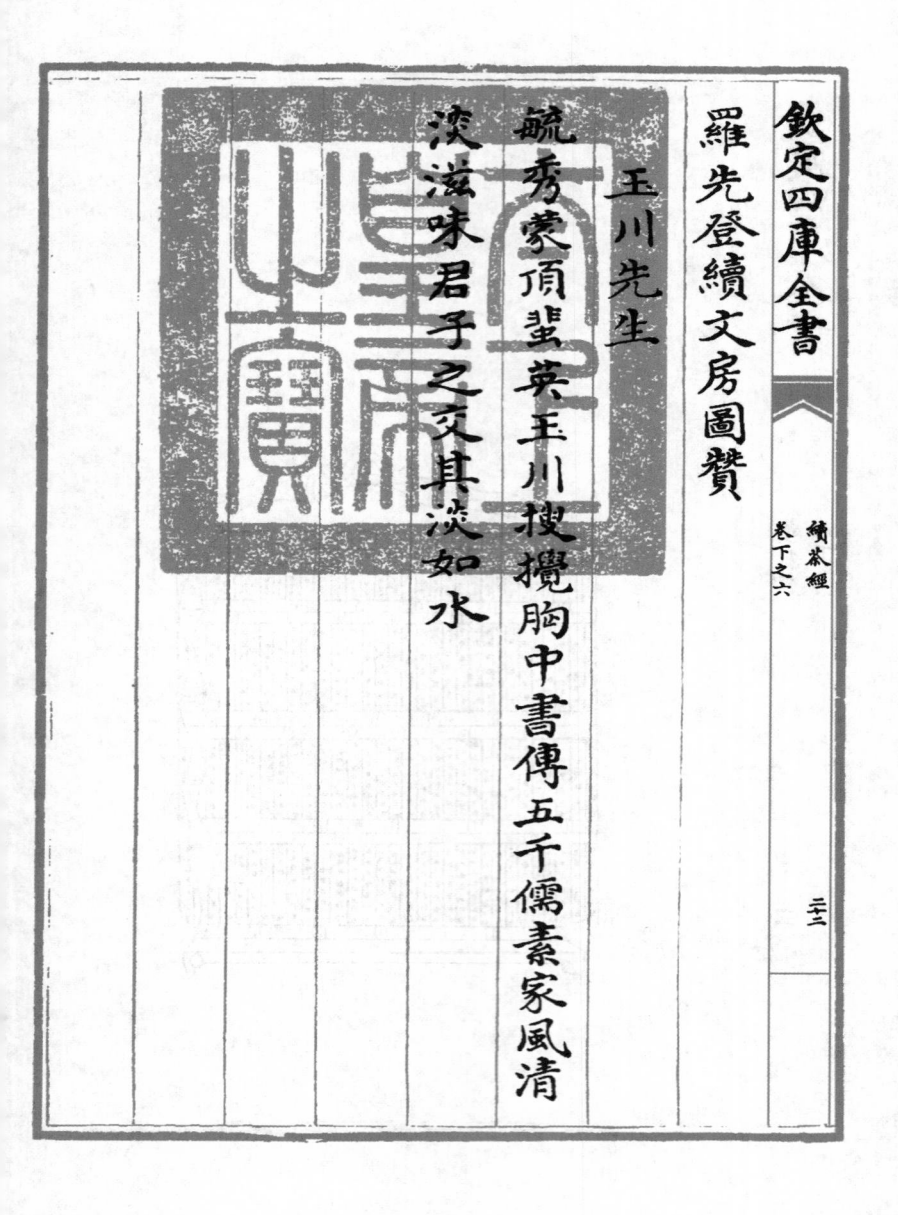

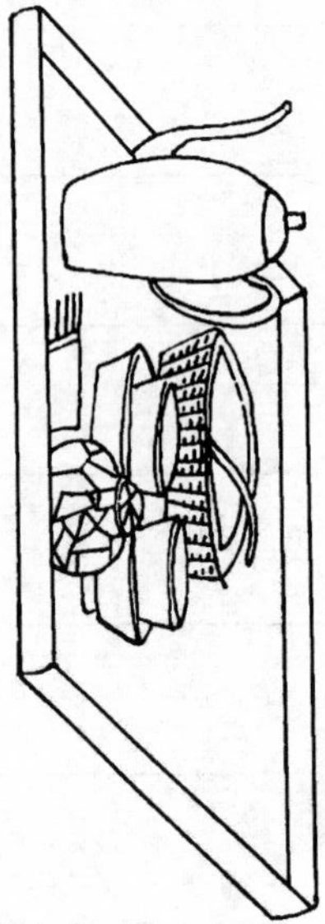

續茶經卷下之六

欽定四庫全書

續茶經附録

候補主事陸廷燦撰

茶法

唐書德宗納戶部侍郎趙贊議稅天下茶漆竹木十取一以爲常平本錢及出奉天乃悼悔下詔亟罷之及朱泚平佞臣希意興利者益進貞元八年以水災減稅明年諸道鹽鐵使張滂奏出茶州縣若山及商人要路以

三等定估十税其一自是歲得錢四十萬緡穆宗即位鹽鐵使王播圖寵以自幸乃增天下茶税率百錢增五十天下茶加斤至二十兩播又奏加取焉右拾遺李珏上疏謂榷率本濟軍興而税茶自貞元以来方有之天下無事忽厚歛以傷國體一不可茗為人飲鹽粟同資若重税之售必高其弊先及貧下二不可山澤之産無定數程斤論税以售多為利若騰價則市者寡其税幾何三不可其後王涯判二使置摧茶使徙民茶樹于官

場焚其舊積者天下大怨令狐楚代為鹽鐵使兼搉茶使復令納搉加價而已李石為相以茶稅皆歸鹽鐵復貞元之制武宗即位崔珙又增江淮茶稅是時茶商所過州縣有重稅或奪掠舟車露積雨中諸道置邸以收稅謂之踏地錢大中初轉運使裴休著條約私鬻如法論罪天下稅茶增倍貞元江淮茶為大模一斤至五十兩諸道鹽鐵使于悰每斤增錢五謂之剩茶錢自是斤兩復舊

元和十四年歸光州茶園于百姓從刺史房克讓之請也

裴休領諸道鹽鐵轉運使立税茶十二法人以為便

藩鎮劉仁恭禁南方茶自擷山為茶號山曰大恩以邀利

何易于為益昌令鹽鐵官榷取茶利詔下所司毋敢隱易于視詔曰益昌人不征茶且不可活矧厚賦毒之乎命吏閣詔吏曰天子詔何敢拒吏坐死公得免竄耶易

于曰吾敢愛一身移暴于民乎亦不使罪及爾曹即自焚之觀察使素賢之不劾也

陸贄為宰相以賦役煩重上疏云天災流行四方代有稅茶錢積户部者宜計諸道户口均之

五代史楊行密字化源議出鹽茗俾民輸帛幕府高勗曰創破之餘不可以加斂且帑貲何患不足若悉我所有以易四鄰所無不積財而自有餘矣行密納之

宋史榷茶之制擇要會之地曰江陵府曰真州曰海州

曰漢陽軍曰無為軍曰蘄之蘄口為榷貨務六初京城
建安襄復州皆有務後建安襄復之務廢京城務雖存
但會給交鈔往還而不積茶貨在淮南則蘄黄廬舒光
壽六州官自為場置吏總謂之山場者十三六州採茶
之民皆隷焉謂之園户歲課作茶輸租餘則官悉市之
總為歲課八百六十五萬餘斤其出鬻者皆就本場在
江南則宣歙江池饒信洪撫筠袁十州廣德興國臨江
建昌南康五軍兩浙則杭蘇明越婺處温台湖常衢睦

十二州荆湖則江陵府潭澧鼎鄂岳歸峡七州荆門軍
福建則建劒二州歳如山場輸租折税總為歳課江南
百二十七萬餘斤兩浙百二十七萬九千餘斤荆湖二
百四十七萬餘斤福建三十九萬三千餘斤悉送六榷
貨務鬻之茶有二類曰片茶曰散茶片茶蒸造實棬模
中串之唯建劔則既蒸而研編竹為格置焙室中最為
精潔他處不能造有龍鳳石乳白乳之類十二等以充
歳貢及邦國之用其出虔袁饒池光歙潭岳辰澧州江

陵府興國臨江軍有仙芝玉津先春緑芽之類二十六等兩浙及宣江鼎州又以上中下或第一至第五為號散茶出淮南歸州江南荆湖有龍溪雨前雨後之類十一等江浙又有上中下或第一等至第五為號者民之欲茶者售於官給其食用者謂之食茶出境者則給券商賈貿易入錢若金帛京師榷貨務以射六務十三場願就東南入錢若金帛者聽凡民茶匿不送官及私販鬻者没入之計其直論罪園户輒毁敗茶樹者計所出

茶論如法民造温桑為茶比犯真茶計直十分論二分
之罪主吏私以官茶貿易及一貫五百者死自後定法
務從輕減太平興國二年主吏盜官茶販鬻錢三貫以
上黥面送闕下淳化三年論直十貫以上黥面配本州
牢城巡防卒私販茶依舊條加一等論凡結徒持仗販
易私茶遇官司擒捕抵拒者皆死太平興國四年詔鬻
偽茶一斤杖一百二十斤以上棄市厥後更改不一載全史
陳恕為三司使將立茶法召茶商數十人俾條陳利害

第為三等具奏太祖曰吾視上等之説取利太深此可行于商賈不可行于朝廷下等之説固滅裂無取惟中等之説公私皆濟吾裁損之可以經久行之數年公用足而民富實

太祖開寶七年有司以湖南新茶異于常歲請高其價以鬻之太祖曰道則善毋乃重困吾民乎即詔第復舊制勿增價值

熙寧三年熙河運使以歲計不足乞以官茶博糴每茶

三斤易粟一斛其利甚溥朝廷謂茶馬司本以博馬不可以博糴于茶馬司歲額外增買川茶兩倍朝廷別出錢二萬給之令提刑司封樁又令茶馬官程之邵兼轉運使由是數歲邊用粗足

神宗熙寧七年幹當公事李杞入蜀經畫買茶秦鳳熙河博馬王上韶言西人頗以善馬至邊交易所嗜惟茶

自熙豐以來舊博馬皆以粗茶乾道之末始以細茶遺之成都利州路十二州產茶二千一百二萬斤茶馬司

所收大較若此

茶利嘉祐間禁榷時取一年中數計一百九萬四千九十三貫八百八十五　治平間通商後計取數一百一十七萬五千一百四貫九百一十九錢

瓊山邱氏曰後世以茶易馬始見於此葢自唐世回紇入貢先已以馬易茶則西北之嗜茶有自来矣

蘇轍論蜀茶狀園户例收晚茶謂之秋老黄茶不限早晚隨時即賣

沈括夢溪筆談乾德二年始詔在京建州漢陽蘄口各置榷貨務五年始禁私賣茶從不應為情理重太平興國二年删定禁法條貫始立等科罪淳化二年令商賈就園户買茶公於官場貼射始行貼射法淳化四年初行交引罷貼射法西北入粟給交引自通利軍始是歲罷諸處榷貨務尋復依舊至咸平元年茶利錢以一百三十九萬二千一百一十九貫為額至嘉祐三年凡六十一年用此額官本雜費皆在内中間時有增虧歲入

不常咸平五年三司使王嗣宗始立三分法以十分茶
價四分給香藥三分犀象三分茶引六年又改支六分
香藥犀象四分茶引景德二年許人入中錢帛金銀謂
之三說至祥符九年茶引益輕用知秦州曹瑋議就永
興鳳翔以官錢收買客引以救引價前此累增加饒錢
至天祐二年鎮戎軍納大麥一斗本價通加饒共支錢
一貫二百五十四乾興元年改二分法支茶引三分東
南見錢二分半香藥四分半天聖元年復行貼射法行

之三年茶利盡歸大商官場但得黄晚惡茶乃詔孫奭
重議罷貼射法明年推治元議省吏計覆官旬獻官皆
決配沙門島元詳定樞密副使張鄧公參知政事吕許
公魯肅簡各罰俸一月御史中丞劉筠入内内侍省副
都知周文質西上閤門使薛招廓三部副使各罰銅二
十斤前三司使李諮落樞密直學士依舊知洪州皇祐
三年算茶依舊只用見錢至嘉祐四年二月五日降勅
罷茶禁

洪邁容齋隨筆蜀茶稅額總三十萬熙寧七年遣三司幹當公事李杞經畫買茶以蒲宗閔同領其事𠞊設官場增為四十萬後李杞以疾去都官郎中劉佐繼之蜀茶盡榷民始病矣知彭州吕陶言天下茶法既通蜀中獨行禁榷杞佐宗閔作為弊法以困西南生聚佐雖罷去以國子博士李稷代之陶亦得罪侍御史周尹復極論榷茶為害罷為河北提點刑獄利路漕臣張宗諤張升卿復建議廢茶場司依舊通商皆為稷劾坐貶茶場

司行劄子督綿州彰明知縣宋大章繳奏以為非所當用又為稷評坐衝替一歲之間通課利及息耗至七十六萬緡有奇

熊蕃宣和北苑貢茶録陸羽茶經裴汶茶述皆不第建品説者但謂二子未甞至閩而不知物之發也固自有時蓋昔者山川尚閟靈芽未露至於唐末然後北苑出為之最時偽蜀詞臣毛文錫作茶譜亦第言建有紫筍而蠟面乃産於福五代之季建屬南唐歲率諸縣民采

茶北苑初造研膏繼造蠟面既又製其佳者號曰京挺
本朝開寶末下南唐太平興國二年特置龍鳳模遣使
即北苑造團茶以别庶飲龍鳳茶葢始於此又一種茶
叢生石崖枝葉尤茂至道初有詔造之别號石乳又一
種號的乳又一種號白乳此四種出而臈面斯下矣真宗
咸平中丁謂為福建漕監御茶進龍鳳團始載之於茶
録仁宗慶厯中蔡襄為漕改剏小龍團以進甚見珍惜
旨令歲貢而龍鳳遂為次矣神宗元豐間有旨造密雲

龍其品又加於小龍團之上哲宗紹聖中又改為瑞雲翔龍至徽宗大觀初親製茶論二十篇以白茶自為一種與他茶不同其條敷闡其葉瑩薄崖林之間偶然生出非人力可致正焙之有者不過四五家家不過四五株所造止於二三銙而已淺焙亦有之但品格不及於是白茶遂為第一既又製三色細芽及試新銙貢新銙自三色細芽出而瑞雲翔龍又下矣凡茶芽數品最上曰小芽如雀舌鷹爪以其勁直纖挺故號芽茶次曰

揀芽乃一芽帶一葉者號一鎗一旗次曰中芽乃一芽帶兩葉號一鎗兩旗其帶三葉四葉者漸老矣芽茶早春極少景德中建守周絳為補茶經言芽茶只作早茶馳奉萬乘嘗之可矣如一鎗一旗可謂奇茶也故一鎗一旗號揀芽最為挺特光正舒王送人閩中詩云新茗齋中試一旗謂揀芽也或者謂茶芽未展為鎗已展為旗指舒王此詩為誤葢不知有所謂揀芽也夫揀芽猶貴重如此而況芽茶以供天子之新嘗者乎夫芽茶絶

矣至於水芽則曠古未之聞也宣和庚子歳漕臣鄭可簡始創為銀絲水芽蓋將已揀熟芽再為剔去祇取其心一縷用珍器貯清泉漬之光明瑩潔如銀絲然以制方寸新銙有小龍蜿蜒其上號龍團勝雪又廢白的石乳鼎造花銙二十餘色初貢茶皆入龍腦至是慮奪真味始不用焉蓋茶之妙至勝雪極矣故合為首冠然猶在白茶之次者以白茶上之所好也異時郡人黄儒撰品茶要録極稱當時靈芽之富謂使陸羽數子見之必

爽然自失蓄亦謂使黄君而閲今日之品則前此者未足詫焉然龍焙初興貢數殊少累增至於元符以斤計者一萬八千視初已加數倍而猶未盛今則為四萬七千一百斤有奇矣此數見范逵所著龍焙美成茶録逵茶官也白茶勝雪以次厥名實繁今列於左使好事者得以觀焉

貢新銙大觀二年造 試新銙政和二年造 白茶宣和二年造

龍團勝雪宣和二年 御苑玉芽大觀二年 萬壽龍芽大觀二年

上林第一宣和二年 乙夜清供 承平雅玩

龍鳳英華　玉除清賞　啓沃承恩

雪英　雲葉　蜀葵

金錢 宣和三年 玉華 宣和二年 寸金 宣和三年

無比壽芽 大觀四年 萬春銀葉 宣和二年 宜年寶玉

玉清慶雲　無疆壽龍　玉葉長春 宣和四年

瑞雲翔龍 紹聖二年 長壽玉圭 政和二年 興國岩銙

香口焙銙　上品揀芽 紹興二年 新收揀芽

太平嘉瑞 政和二年 龍苑報春 宣和四年 南山應瑞

興國岩揀芽　興國岩小龍　興國岩小鳳以上號細色

揀芽　小龍　小鳳　大龍　大鳳以上號粗色

又有瓊林毓料浴雪呈祥壑源供重篚推先價倍南金暘谷先春壽岩却勝延平石乳清白可鑒風韻甚高凡十色皆宣和二年所製越五歲省去

右茶歲分十餘綱惟白茶與勝雪自驚蟄前興役浹日乃成飛騎疾馳不出仲春已至京師號為頭綱玉芽以

下即先後以次發逮貢足時夏過半矣歐陽公詩云建
安三千五百里京師三月嘗新茶葢異時如此以今較
昔又為最早因念草木之微有瓌奇卓異亦必逢時而
後出而況為士者哉昔昌黎感二鳥之蒙采擢而自悼
其不如今蕃於是茶也焉敢効昌黎之感姑務自警而
堅其守以待時而已

外焙

石門　乳吉　香口

右三焙常後北苑五七日興工每日采茶蒸榨以

其黄悉送北苑併造

北苑别録先人作茶録當貢品極勝之時凡有四十餘色紹興戊寅歲克攝事北苑閲近所貢皆仍舊其先後之序亦同惟躋龍團勝雪於白茶之上及無興國岩小龍小鳯蓋建炎南渡有旨罷貢三之一而省去之也先人但著其名號克今更寫其形製庶覽之無遺恨焉先是任子春漕司再攝茶政越十三載乃復舊額且用政

和故事補種茶二萬株政和周曹種三萬株此年益虔貢職遂有創增之目仍改京挺為大龍團由是大龍多於大鳳之數凡此皆近事或者猶未之知也三月初吉男克北苑寓舍書

貢新銙竹圈銀模　方一寸二分　試新銙仝上

龍團勝雪仝上　白茶銀圈銀模　徑一寸五分

御苑玉芽銀圈銀模　徑一寸五分　萬壽龍芽仝上

上林第一　方一寸二分　乙夜清供竹圈

承平雅玩　龍鳳英華　玉除清賞

啓沃承恩俱仝上　雪英　横長一寸五分

雲葉仝上　蜀葵　徑一寸五分

金錢銀模仝上　玉華銀模　横長一寸五分

寸金竹圈　方一寸二分　無比壽芽銀模竹圈仝上

萬春銀葉銀模銀圈　兩尖徑二寸二分

宜年寶玉銀圈銀模　直長三寸

玉清慶雲　方一寸八分

無疆壽龍銀模竹圈直長一寸

玉葉長春竹圈直長三寸六分

瑞雲翔龍銀模銀圈徑二寸五分

長壽玉圭銀模直長三寸

興國岩銙竹圈方一寸二分　香口焙銙仝上

上品揀芽銀模銀圈新收揀芽銀模銀圈俱仝上

太平嘉瑞銀圈徑一寸五分

龍苑報春徑一寸七分

南山應瑞 銀模 銀圈 方一寸八分

興國岩揀芽 銀模 徑三寸 小龍

小鳳 大龍 大鳳 俱仝上

北苑貢茶最盛然前輩所録止於慶歷以上自元豐後瑞龍相繼挺出制精於舊而未有好事者記焉但於詩人句中及大觀以来增創新銙亦猶用揀芽蓋水芽至宣和始名顧龍團勝雪與白茶角立歲元首貢自御苑玉芽以下厥名實繁先子觀見時事悉能記之成編具

存令閩中漕臺所刋茶録未備此書庶幾補其闕云淳
熙九年冬十二月四日朝散郎行祕書郎國史編修官
學士院權直熊克謹記

北苑貢茶綱次

細色第一綱

龍焙貢新　水芽　十二水　十宿火

正貢三十銙　創添二十銙

細色第二綱

龍焙試新　水芽　十二水　十宿火

正貢一百銙　創添五十銙

細色第三綱

龍團勝雪　水芽　十六水　十二宿火

正貢三十銙　續添二十銙　創添二十銙

白茶　水芽　十六水　七宿火

正貢三十銙　續添五十銙　創添八十銙

御苑玉芽　小芽　十二水　八宿火

正貢一百斤

萬壽龍芽　小芽　十二水　八宿火

正貢一百斤

上林第一　小芽　十二水　十宿火

正貢一百銙

乙夜清供　小芽　十二水　十宿火

正貢一百銙

承平雅玩　小芽　十二水　十宿火

正貢一百銙

龍鳳英華　小芽　十二水　十宿火

正貢一百銙

玉除清賞　小芽　十二水　十宿火

正貢一百銙

啓沃承恩　小芽　十二水　十宿火

正貢一百銙

雪英　小芽　十二水　七宿火

正貢一百銙

雲葉　小芽　十二水　七宿火

正貢一百片

蜀葵　小芽　十二水　七宿火

正貢一百片

金錢　小芽　十二水　七宿火

正貢一百片

寸金　小芽　十二水　七宿火

正貢一百銙

細色第四綱

龍團勝雪　見前

正貢一百五十銙

無比壽芽　小芽　十二水　十五宿火

正貢五十銙　創添五十銙

萬春銀葉　小芽　十二水　十宿火

正貢四十片　創添六十片

宜年寶玉　小芽　十二水　十宿火

正貢四十片　創添六十片

玉清慶雲　小芽　十二水　十五宿火

正貢四十片　創添六十片

無疆壽龍　小芽　十二水　十五宿火

正貢四十片　創添六十片

玉葉長春　小芽　十二水　七宿火

正貢一百片

瑞雲翔龍　小芽　十二水　九宿火

正貢一百片

長壽玉圭　小芽　十二水　九宿火

正貢二百片

興國岩銙　中芽　十二水　十宿火

正貢一百七十銙

香口焙銙　中芽　十二水　十宿火

正貢五十銙

上品揀芽　小芽　十二水　十宿火

正貢一百片

新洮揀芽　中芽　十二水　十宿火

正貢六百片

細色第五綱

太平嘉瑞　小芽　十二水　九宿火

正貢三百片

龍苑報春　小芽　十二水　九宿火

正貢六十篇　創添六十片

南山應瑞　小芽　十二水　十五宿火

正貢六十銙　創添六十銙

興國岩揀芽　中芽　十二水　十宿火

正貢五百十片

興國岩小龍　中芽　十二水　十五宿火

正貢七百五片

興國岩小鳳　中芽　十二水　十五宿火

正貢五十片

先春兩色

太平嘉瑞 仝前 正貢二百片

長壽玉圭 仝前 正貢一百片

續入額四色

御苑玉芽 仝前 正貢一百片

萬壽龍芽 仝前 正貢一百片

無比壽芽 仝前 正貢一百片

瑞雲翔龍　仝前　正貢一百片

麤色第一綱

正貢

不入腦子上品揀芽小龍一千二百片六水十宿火

入腦子小龍七百片四水十五宿火

增添

不入腦子上品揀芽小龍一千二百片

入腦子小龍七百片

建寧府附發小龍茶八百四十片

麤色第二綱

正貢

不入腦子上品揀芽小龍六百四十片

入腦子小龍六百七十二片

入腦子小鳳一千三百四十片四水十五宿火

入腦子大龍七百二十片二水十五宿火

入腦子大鳳七百二十片二水十五宿火

增添

不入腦子上品揀芽小龍一千二百片

入腦子小龍七百片

建寧府附發小鳳茶一千三百片

麤色第三綱

正貢

不入腦子上品揀芽小龍六百四十片

入腦子小龍六百四十片

入腦子小鳳六百七十二片

入腦子大龍一千八百片

入腦子大鳳一千八百片

增添

不入腦子上品揀芽小龍一千二百片

入腦子小龍七百片

建寧府附發大龍茶四百片大鳳茶四百片

麤色第四綱

正貢

不入腦子上品揀芽小龍六百片

入腦子小龍三百三十六片

入腦子小鳳三百三十六片

入腦子大龍一千二百四十片

入腦子大鳳一千二百四十片

建寧府附發大龍茶四百片大鳳茶四百片

麤色第五綱

正貢

入腦子大龍一千三百六十八片

入腦子大鳳一千三百六十八片

京鋌改造大龍一千六百片

建寧府附發大龍茶八百片大鳳茶八百片

麤色第六綱

正貢

入腦子大龍一千三百六十片

入腦子大鳳一千三百六十片

京鋌改造大龍一千六百片

建寧府附發大龍茶八百片大鳳茶八百片又京鋌改造大龍一千二百片

麤色第七綱

正貢

入腦子大龍一千二百四十片

入腦子大鳳一千二百四十片

京鋌改造大龍二千三百二十片
建寧府附發大龍茶二百四十片大鳳茶二百四
十片又京鋌改造大龍四百八十片
細色五綱
貢新為最上後開焙十日入貢龍團為最精而建
人有直四萬錢之語夫茶之入貢圈以箬葉内以
黄斗盛以花箱護以重篚花箱内外又有黄羅冪
之可謂什襲之珍矣

麤色七綱

揀芽以四十餅為角小龍鳳以二十餅為角大龍鳳以八餅為角圈以箬葉束以紅縷包以紅紙緘以蒨綾惟揀芽俱以黄焉

金史茶自宋人歲供之外皆貿易於宋界之榷場世宗大定十六年以多私販乃定香茶罪賞格章宗承安三年命設官製之以尚書省令史往河南視官造者不嘗其味但採民言謂為温桑實非茶也還即白上以為不

幹杖七十罷之四年三月於淄密寧海蔡州各置一坊
造茶照南方例每斤為袋直六百文後令每袋減三百
文五年春罷造茶之坊六年河南茶樹槁者命補植之
十一月尚書省奏禁茶遂命七品以上官其家方許食
茶仍不得賣及饋獻七年更定食茶制八年言事者以
止可以鹽易茶省臣以為所易不廣兼以雜物博易宣
宗元光二年省臣以茶非飲食之急令河南陝西凡五
十餘郡郡日食茶率二十袋直銀二兩是一歲之中妄

費民間三十餘萬也奈何以吾有用之貨而資敵乎乃
制親王公主及現任五品以上官素蓄存者存之禁不
得買餽餘人並禁之犯者徒五年告者賞寶泉一萬貫
元史本朝茶課由約而博大率因宋之舊而為之制焉
至元六年始以興元交鈔同知運使白賡言初榷成都
茶課十三年江南平左丞呂文煥首以主茶税為言以
宋會五十貫凖中統鈔一貫次年定長引短引是歲征
一千二百餘錠泰定十七年置榷茶都轉運使司於江

州路總江淮荆湖福廣之稅而遂除長引專用短引二十一年免食茶稅以益正稅二十三年以李起南言增引稅為五貫二十六年丞相僧格增為一十貫延祐五年用江西茶運副法和爾丹言減引添錢每引再增為一十二兩五錢次年課額遂增為二十八萬九千二百一十一錠矣天歷已已罷榷司而歸諸州縣其歲徵之數蓋與延祐同至順之後無籍可考他如范殿帥茶西番大葉茶建寧銙茶亦無從知其始末故皆不著

明會典陝西置茶馬司四河州洮州西寧甘州各司並赴巖州茶引所批驗每歳差御史一員巡茶馬

明洪武間差行人一員齎榜文於行茶所在懸示以肅禁永樂十三年差御史三員廵督茶馬正統十四年停止茶馬金牌遣行人四員巡察景泰二年令川陝布政司各委官巡視罷差行人四年復差行人成化三年奏准每年定差御史一員陝西巡茶十一年令取回御史仍差行人十四年奏准定差御史一員專理茶馬每歳

一代遂為定例弘治十六年取回御史凡一應茶法悉
聽督理馬政都御史兼理十七年令陜西每年於按察
司揀憲臣一員駐洮巡禁私茶一年滿日擇一員交代
正德二年仍差巡茶御史一員兼理馬政
光禄寺衙門每歲福建等處解納茶葉一萬五千斤先
春等茶芽三千八百七十八斤收充茶飯等用
博物典彙云本朝捐茶利予民而不利其入凡前代所
設榷務貼射交引茶由諸種名色令皆無之惟於四川

置茶馬司四所於關津要害置數批驗茶引所而已及每年遣行人於行茶地方張挂榜文俾民知禁又於西番入貢為之禁限每人許其順帶有定數所以然者非為私奉簽欲資外國之馬以為邊境之備焉耳

洪武五年户部言四川産巴茶凡四百四十七處茶户三百一十五宜依定制每茶十株官取其一歲計得茶一萬九千二百八十斤令有司貯候西番易馬從之至三十一年置成都重慶保寧三府及播州宣慰司茶倉

四所命四川布政司移文天全六番招討司將歲收茶課仍收碉門茶課司餘地方就送新倉收貯聽商人交易及與西番易馬茶課歲額五萬餘斤每百加耗六斤商茶歲中率八十斤令商運賣官取其半易馬納馬番族洮州三十河州四十三又新附歸德所生番十一西寧十三茶馬司收貯官立金牌信符為驗洪武二十八年駙馬歐陽倫以私販茶撲殺明初茶禁之嚴如此

武夷山志茶起自元初至元十六年浙江行省平章高

興過武夷製石乳數斤入獻十九年乃令縣官涖之歲
貢茶二十斤采摘戶凡八十大德五年興之子玖珠為
邵武路總管就近至武夷督造貢茶明年剏焙局稱為
御茶園有仁風門第一春殿清神堂諸景又有通仙井
覆以龍亭皆極丹雘之盛設場官二員領其事後歲額
浸廣增戶至二百五十茶三百六十斤製龍團五千餅
泰定五年崇安令張端本重加修葺於園之左右各建
一坊扁曰茶場至順三年建寧總管温都爾於通仙井

畔築臺高五尺方一丈六尺名曰喊山臺其上為喊泉
亭因稱井為呼来泉舊志云祭後羣喊而水漸盈造茶
畢而遂涸故名迨至正末額凡九百九十斤明初仍之
著為令每歲驚蟄日崇安令具牲醴詣茶場致祭造茶
入貢洪武二十四年詔天下産茶之地歲有定額以建
寧為上聽茶户采進勿預有司茶名有四探春先春次
春紫笋不得碾揉為大小龍團然而祀典貢額猶如故
也嘉靖三十六年建寧太守錢嶫因本山茶枯令以歲

編茶夫銀二百兩及水脚銀二十兩齎府造辦自此遂
罷茶場而崇民得以休息御園尋廢惟井尚存井水清
甘較他泉迥異仙人張邋遢過此飲之曰不徒茶美亦
此水之力也

我
朝茶法陜西給番易馬舊設茶馬御史後歸巡撫兼理
各省發引通商止於陜境交界處盤查凡産茶地方
止有茶利而無茶累深山窮谷之民無不沾濡

雨露耕田鑿井共樂昇平此又有茶以来希遇之盛也

雍正十二年七月既望陸廷燦識

續茶經附録

八·煎茶水記

唐·張又新

欽定四庫全書　　子部九

煎茶水記　　譜録類飲饌之屬

提要

臣等謹案煎茶水記一卷唐張又新撰又新字孔昭深州陸澤人司門員外郎薦之曾孫工部侍郎鷹之子也元和九年進士第一歷官右補闕黨附李逢吉為八關十六子之一逢吉出為山南東道節度使以又新為行軍

司馬坐田伾事貶江州刺史後又黄緣李訓遷刑部郎中為申州刺史訓死復坐貶終於左司郎中事迹具新唐書本傳其書前列刑部侍郎劉伯芻所品七水次列陸羽所品二十水云元和九年初成名時在薦福寺得於楚僧本題曰煮茶記乃代宗時湖州刺史李季卿得於陸羽口授後有葉清臣述煮茶泉品一篇歐陽修大明水記一篇浮槎山水記

一篇考書録解題載此書已稱大明水記載

卷末則宋人所附入也清臣所記稱又新此

書為水經疑偶然誤記修所記極詆又新之

妄謂與陸羽所説皆不合今以茶經校之信

然殆以羽號善茶當代所重故又新託名歟

乾隆四十九年閏三月恭校上

總纂官臣紀昀臣陸錫熊臣孫士毅

總校官臣陸費墀

欽定四庫全書

煎茶水記

唐　張又新　撰

故刑部侍郎劉公諱伯芻於又新丈人行也為學精博頗有風鑒稱較水之與茶宜者凡七等

揚子江南零水第一

無錫惠山寺石水第二

蘇州虎丘寺石水第三

丹陽縣觀音寺水第四

揚州大明寺水第五

吳松江水第六

淮水最下第七

斯七水余嘗俱瓶於舟中親挹而比之誠如其說也客有熟於兩浙者言搜訪未盡余嘗志之及刺永嘉過桐廬江至嚴子瀨溪色至清水味甚冷家人輩用陳黒壞茶潑之皆至芳香又以煎佳茶不可名其鮮馥

也又愈於揚子南零殊遠及至永嘉取仙巖瀑布用
之亦不下南零以是知客之說誠哉信矣夫顯理鑒物
今之人信不逮於古人盖亦有古人所未知而今人能
知之者元和九年春予初成名與同年生期于薦福
寺余與李德垂先至憩西廂玄鑒室會適有楚僧至
置囊有數編書余偶抽一通覽焉文細密皆雜記卷末
又一題云煑茶記云代宗朝李季卿刺湖州至維揚逢
陸處士鴻漸李素熟陸名有傾盖之懽因之赴郡抵揚

子驛將食李曰陸君善於茶蓋天下聞名矣况揚子
南零水又殊絶今日二妙千載一遇何曠之乎命軍士
謹信者挈瓶操舟深詣南零陸利器以俟之俄水至陸
以杓揚其水曰江則江矣非南零者似臨岸之水使曰
某櫂舟深入見者累百敢虚紿乎陸不言既而傾諸盆
至半陸遽止之又以杓揚之曰自此南零者矣使蹶然
大駭馳下曰某自南零齎至岸舟蕩覆半懼其尠挹
岸水增之處士之鑒神鑒也其敢隱也李與賓從數十

人皆大駭愕李因問陸既如是所經歴處之水優劣精可判矣陸曰楚水第一晉水最下李因命筆口授而次第之

廬山康王谷水簾水第一

無錫縣惠山寺石泉水第二

蘄州蘭溪石下水第三

峽州扇子山下有石窔然洩水獨清冷狀如龜形俗云蝦蟇口水第四

蘇州虎丘寺石泉水第五

廬山招賢寺下方橋潭水第六

揚子江南零水第七

洪州西山西東瀑布水第八

唐州柏巖縣淮水源第九淮水亦佳

廬州龍池山顧水第十

丹陽縣觀音寺水第十一

揚州大明寺水第十二

漢江金州上游中零水第十三水苦

歸州玉虛洞下香溪水第十四

商州武關西洛水第十五未嘗泥

吳松江水第十六

天台山西南峯千丈瀑布水第十七

郴州圓泉水第十八

桐廬嚴陵灘水第十九

雪水第二十用雪不可太冷

此二十水余嘗試之非繫茶之精麤過此不之知也夫茶烹於所產處無不佳也蓋水土之宜離其處水功其半然善烹潔器全其功也李寘諸筍焉遇有言茶者即示之又新刺九江有客李滂門生劉魯封言嘗見說余醒然思往歲僧室獲是書因盡篋書在焉古人云瀉水置瓶中焉能辨淄澠此言必不可判也萬古以為信然蓋不疑矣豈知天下之理未可言至古人研精固有未盡強學君子孜孜不懈豈止思齊而已哉此言亦有裨於

勸勉故記之

述煑茶泉品

夫渭黍汾麻泉源之異稟江橘淮枳土地之或遷誠物類之有宜亦臭味之相感也若乃擷華掇秀多識草木之名激濁揚清能辨淄澠之品斯固好事之嘉尚博識之精鑒自非嘯傲塵表逍遥林下樂追王濛之約不敗陸訥之風其孰能與於此乎吳楚山谷間氣清地靈若後頳挺多孕茶荈為人採拾大率右於武夷者為白

乳甲於吴興者為紫笋産禹穴者以人章顯茂錢塘者
以徑山稀至於續盧之巖雲衡之麓鴉山著於無歙濛
頂傳於岷蜀角立差勝毛舉寔繁然而天賦尤異性靡
受和茍制非其妙烹失於術雖先雷而嬴未雨而檐
蒸焙以圖造作以經而泉不香水不甘爨之揚之若淤
若滓予少得温氏所著茶說嘗識其水泉之目有二十
焉會西走巴峽經蝦蟇口北憩蕪城汲蜀岡井東游故
都絶揚子江留丹陽縣觀音泉過無錫斠慧山水粉

槍未旗蘇蘭薪桂且汲且缶以飲以歠莫不瀹氣滌慮
蠲病折醒祛鄙恡之生心招神明而還觀信乎物類之
得宜臭味之所感幽人之佳尚前賢之精鑒不可及已
噫紫華緑英均一草也清瀾素波均一水也皆忘情於
庶彙或求伸於知已不然者蘗溥之䒫溝瀆之流亦奚
以異哉游鹿故宫依蓮盛府一命受職再朞服勞而虚
丘之盛沸松江之清泚復在封畛居然挹注是嘗所
得於鴻漸之目二十而七也昔酈元善於水經而未嘗

知茶王肅癖於茗飲而言不及水表是二美吾無愧焉凡泉品二十列於右幅且使盡神方之四兩遂成奇功代酒限於七升無忘真賞云爾南陽葉清臣述泉品二十見張又新水經

大明水記

世傳陸羽茶經其論水云山水上江水次井水下又云山水乳泉石池漫流者上瀑湧湍漱勿食食久令人有頸疾江水取去人遠者井取汲多者其説止於此而未

嘗品第天下之水味也至張又新為煎茶水記始云劉
伯芻謂水之宜茶者有七等又載羽為李秀卿論水次
第有二十種今考二說與羽茶經皆不合謂山水上乳
泉石池又上江水次而井水下伯芻以揚子江為第一
惠山石泉為第二虎丘石井第三丹陽寺井第四揚州
大明寺井第五而松江第六淮水第七與羽說皆相反
秀卿所說二十水廬山康王谷水第一無錫惠山石泉
第二蘄州蘭谿石下水第三扇子峽蝦蟇口水第四虎

丘寺井水第五廬山招賢寺下方橋潭水第六揚子江南零水第七洪州西山瀑布第八桐柏淮源第九廬山龍池山頂水第十丹陽寺井第十一揚州大明寺井第十二漢江中零水第十三玉虛洞香谿水第十四武關西水第十五松江水第十六天台千丈瀑布水第十七郴州圓泉第十八嚴陵灘水第十九雪水第二十如蝦蟆口水西山瀑布天台千丈瀑布皆戒人勿食食之生疾其餘江水居山水上井水居江水上皆與羽經相

反疑羽不當二說以自異使誠羽說何足信也得非又新妄附益之邪其述羽辨南零岸時怪誕甚妄也水味有美惡而已欲求天下之水一二而次第之者妄說也故其爲說前後不同如此然此井爲水之美者羽之論水惡渟浸而喜泉源故井取汲者江雖長然衆水雜聚故次山水惟此說近物理云

浮槎山水記

浮槎山在慎縣南三十五里或曰浮巢二山其事出於浮圖

老子之徒荒怪誕幻之說其上有泉自前世言水者皆弗道
余嘗讀茶經愛陸羽善言水後得張又新水記載劉伯芻
李季卿所列水次第以為得之於羽然以茶經考之皆
不合又新妄狂險譎之士其言難信頗疑非羽之說及
得浮槎山水然後益知羽為知水者浮槎與龍池山皆
在廬州界中較其味不及浮槎遠甚而又新所記以龍
池山第十浮槎之水棄而不録以此知其所失多矣羽
則不然其論曰山水上江次之井為下山水乳泉石池

漫流者上其言雖簡而於論水盡矣浮槎之水發自李
侯嘉祐二年李侯鎮東留後出守廬州因游金陵登蔣
山飲其水又登浮槎至其山上有石池涓涓可愛盖羽
所謂浮泉漫流者也飲之則甘乃考圖記問故老得其
事迹因以其水遺余於京師余報之曰李侯可謂賢矣
盡窮天下之物無不得其欲者富貴之樂也至於蔭長
松藉豐草聽山溜之潺湲飲石泉之滴瀝此山林者之樂
也而山林之士視天下之樂不一動其心或有欲於心

顧力不可得而止者乃能退而獲樂於斯彼富貴者之能致物矣而其不可兼者惟山林之樂爾惟李侯生長富貴厭於耳目又知山林之為樂至於攀緣上下幽隱窮絕人所不及者皆能得之其兼取於物者可謂多矣李侯折節好學喜交賢士敏於為政所至有能名凡物不能自見而待人以彰者有矣其物未必可貴而因人以重者有矣故予為誌其事俾世知竒泉發自李侯始也

煎茶水記

圖書在版編目（CIP）數据

茶典 ：《四庫全書》茶書八種 /（唐）陸羽等著 .
— 北京 ：商務印書館，2017.9（2024.4 重印）
ISBN 978-7-100-13955-7

Ⅰ.①茶… Ⅱ.①陸… Ⅲ.①茶文化－中國 Ⅳ.
① TS971.21

中國版本圖書館 CIP 數据核字（2017）第 110415 號

扉頁題字　王　皓
責任印製　徐　仲
書籍設計　潘焰榮
內文製作　何延舟 陸海霞

茶 典

《四庫全書》茶書八種

唐・陸羽等 著

商 務 印 書 館 出 版
（北京王府井大街36號 郵政編碼100710）
商 務 印 書 館 發 行
南京愛德印刷有限公司印刷
ISBN 978-7-100-13955-7

2017 年 9 月第 1 版　　開本 889 × 1194 1/32
2024 年 4 月第 7 次印刷　　印張 27½

定價：239.00 元